U0053664
簡約食譜101④

序

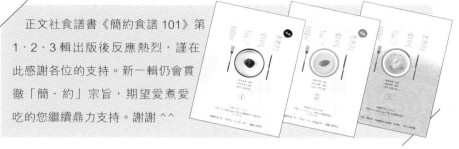

正文社食譜書《簡約食譜 101》第 1、2、3 輯出版後反應熱烈，謹在此感謝各位的支持。新一輯仍會貫徹「簡．約」宗旨，期望愛煮愛吃的您繼續鼎力支持。謝謝 ^^

30 分鐘內快捷煮食

本書的對象就是年輕夫婦及單身獨居上班族，每道菜設定為 1 至 2 人用（分量純屬參考，每人食量各異），烹調時間為 5~30 分鐘，以最容易買的食材，配以簡單煮法、最少的步驟，眨眼已能炮製出色香味家常菜。

雖然以快為宗旨，但絕非粗製濫造，亦非菜芯炒牛肉、蒸水蛋等尋常菜式，本書中西日韓泰意菜俱備，更不乏新穎配搭，只要有創意，入廚也是樂事。

節約省錢

通脹不斷加劇，就算到茶餐廳快餐店用膳，每人消費大概都要五十元，質素差更換來一肚子牢騷，自己煮可以控制價錢及味道，何不嚐試一下？本書所有菜式有列明大概預算，大部分平均為二三十元，既省錢又健康。

雖然是至抵價，但菜式不失色香味美，部分更是在餐廳以百多元才能享用的菜式，現在只需花十數廿元便可完成，兼能登大雅之堂，只要多練習，新手也可變大廚。

特設便當特集

上班族帶便當上班已成普遍風氣，即可省錢，自己煮亦較健康。本書特設 20 道便當食譜，一盒一道菜已有齊菜及肉，營養均衡；部分則為意粉、炒飯，材料簡單，煮法容易，色香味俱全。

最後，也要感謝一眾曾為本書出心出力的同事：精心設計版面的阿志、攝影師兼苦力阿龍，沒有你們，本書也難成事。當然，最需要感激的，是我媽媽，她教懂我吃，教懂我煮，傳授烹飪小秘訣，令我在廚藝上有所成長，謝謝 >3<

蘇慧怡

目錄

特集 20道便當料理

簡約食譜

入廚見學

版面說明

部分食材預備及製作方法詳細可參考書內專欄。

可製作多少人用的材料及調味料分量。（分量只作參考用，因應各人食量及喜好而異。）

本書以圖像說明每個步驟烹調方法、火候及時間。

火候

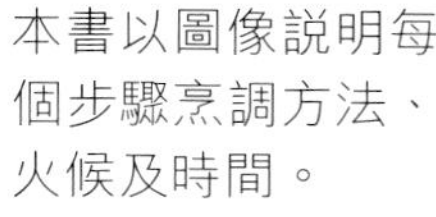
大火

中火　小火

時間

食材準備及煮法

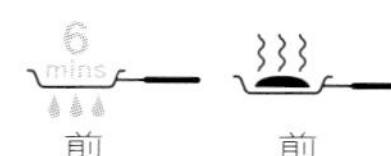
煎　煎

煮　蒸

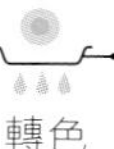
炒　轉色

微波爐　焗爐

冷藏　電飯煲

攪拌器　鋪

切　攪拌　浸

混合　醃　捲

材料 1 人分

意大利粉……100g
秀珍菇……1/2 包
明太子……1 條
牛奶……50ml
淡忌廉……50ml
芝士粉……適量
芝士絲……適量
鹽……適量

做法

1 灼煮意粉後沖冷水備用。*
*方法詳見「食材烹調法」。

2 明太子切開外衣後刮出魚卵。

3 熱鑊下油，放入秀珍菇炒出香氣。

4 倒入牛奶、淡忌廉，再加入明太子。

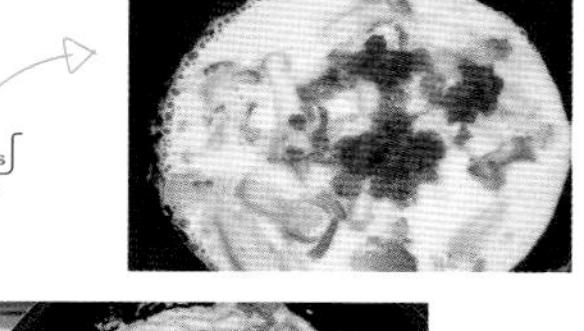

5 加入意粉、芝士粉、芝士絲及鹽煮至醬汁濃稠。

小貼士

明太子於日式超市有售。

可保留少許明太子於盛盤後才加入，增添口感。

每道菜均附煮食小貼士，增加成功機率。

每道菜的主要煮法及需時。

焗爐

微波爐

電飯煲

攪拌

煮

煎

炒

蒸

攪拌器
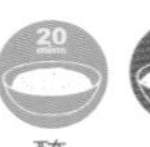
醃

浸

冷藏

15 mins

明太子白汁意粉

預算：約 $30　難度：★

製作難度，1 顆★為最易，3 顆★最難。

每道菜預算（不包括調味料）。

明太子是鱈魚魚卵，以鹽及辣椒醃製而成，
用來煮意粉是常見配搭，
鹹辣中帶爽口很是過癮。

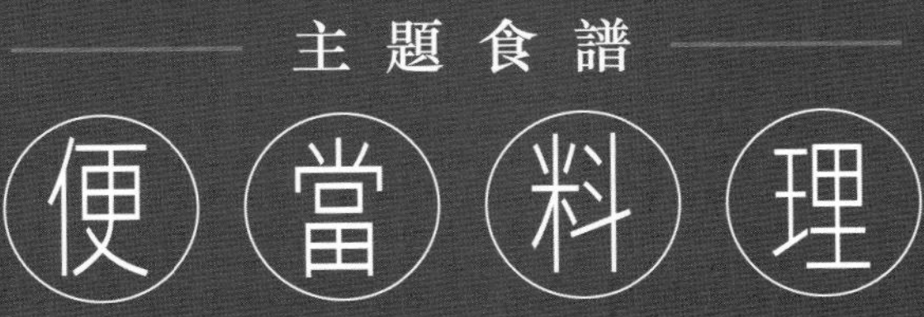

今時今日，

上班帶便當已不是土事，

既可省錢，

自己煮亦較健康。

本特集設 20 道便當食譜，

一盒一道菜有齊菜及肉，

營養均衡；

部分為意粉、炒飯，

材料簡單，煮法容易，

色香味俱全。

材料 2 人分

免治豬肉…100g
豆乾………4 塊（切粒）
蘆筍………100g（切 1cm 長）
蔥…………2 棵（切粒）
薑…………3 片（切粒）
甜麵醬……1 茶匙
豆瓣醬……1 茶匙
生抽………1 茶匙
水…………2 湯匙

醃料：
生抽………1 湯匙
酒…………1 茶匙

做法

1 免治豬肉加入醃料稍醃。

2 熱鑊下油，放入免治豬肉炒熟，加入蔥粒及薑粒同炒。2 mins

3 放入豆乾粒同炒。1 min

4 加甜麵醬及豆瓣醬炒至入味。2 mins

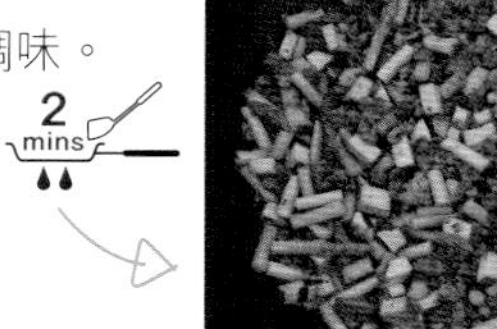

5 放入蘆筍炒勻，加水稍煮，下生抽調味。2 mins

小貼士

- 用幼身的蘆筍較容易炒熟，可不用預先灼煮。
- 甜麵醬帶鹹，故不宜下太多。
- 剩餘的甜麵醬也可做醬爆雞丁、京醬肉絲等菜式。

豆乾肉碎炒蘆筍

預算：約 $40 難度：★

甜麵醬即是吃烤鴨所蘸的醬料，
鹹中帶甜也適宜作小炒調味品。
一盒便當有齊肉、豆腐、蔬菜，
有營養又容易佐飯。

材料 2 人分

硬豆腐…………1 磚（切方粒）
午餐肉…………1 小罐（切方粒）
洋蔥……………1/4 個（切絲）
豆瓣醬…………1 湯匙
孜然粉…………1 湯匙
芫荽……………適量（切段）
鹽………………適量
白芝麻…………適量

做法

1 熱鑊下油，分別煎香豆腐及午餐肉，取出備用。

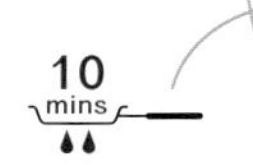

2 熱鑊下油，爆香洋蔥、豆瓣醬及孜然粉。

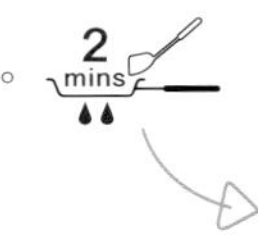

3 加入豆腐、午餐肉、芫荽、鹽及芝麻炒勻。

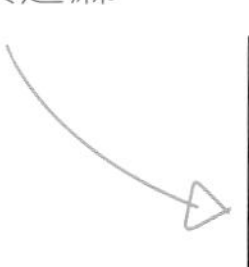

豆腐及午餐肉切得大小相若，比較美觀。

香辣豆腐午餐肉

預算：約 $35　難度：★

豆腐味淡，可搭配較濃味食材，

午餐肉既方便又快熟，

配豆瓣醬同炒更惹味。

材料 1 人分

熟米飯…………1 碗
急凍雜錦海鮮…100g
調味料：
韓式辣醬………1/2 湯匙
米酒……………1/2 匙
生抽……………1/2 茶匙
蔥………………1/2 棵（切粒）

做法

1 熱鑊下油，放入熟米飯翻炒。 3 mins

2 加入雜錦海鮮同炒。 2 mins

3 依次序加入調味料炒勻。 2 mins

小貼士

- 雜錦海鮮快熟，不用炒太久。
- 辣醬容易令膠飯盒染色，選用玻璃盒較易清洗。

韓式辣炒海鮮飯

10 mins

預算：約 $10　難度：★

韓菜近年備受年輕代追捧，
泡菜豬肉炒飯更是代表菜之一，
用急凍海鮮代替豬肉較輕怡及方便，
製作便當易做又惹味，
輕易就惹來艷羨目光。

材料 1 人分

意大利粉………100g
菠菜……………1 束（切段）
蒜頭……………3 粒（切片）
辣椒……………1 條（切粒）
煙肉……………2 片（切條）
本菇……………1/2 包
生抽……………1 湯匙
酒………………1 茶匙
鹽………………適量
白胡椒粉………適量

做法

1 灼煮意粉後泡冷水備用* 6 mins，保留 1 湯匙煮意粉的水。原鍋水亦先灼煮菠菜，撈起瀝乾。1 min

*方法詳見「食材烹調法」。

2 熱鑊下油，爆香蒜片、辣椒及煙肉。2 mins

3 放入本菇拌炒。

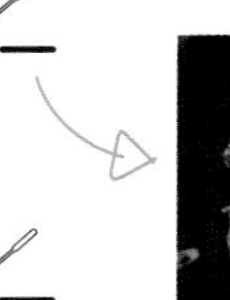

4 加入意粉、酒、生抽及煮麵水同炒。1 min

5 放入菠菜炒勻，下鹽及胡椒粉調味。2 mins

小貼士

- 菠菜不用灼煮太久，之後會回鑊再炒。
- 蒜片最好炒成金黃色，會較香口。
- 也可以用其他菜代替，例如椰菜。

菠菜煙肉豉油炒意粉

預算：約 $10　難度：★

炒意粉通常以肉或海鮮炒，
或者簡單以蒜頭辣椒炒香，
加添蔬菜營養較為均衡，
也可令意粉顏色更豐富。

材料 2 人分

肥牛肉…………100g（切半）
洋蔥……………1/2 個（切絲）
薑………………1 片（磨蓉）
熟米飯…………2 碗
醬汁：
水………………1 杯
日式醬油………3 湯匙
酒………………2 湯匙
味醂……………3 湯匙
糖………………1 湯匙

做法

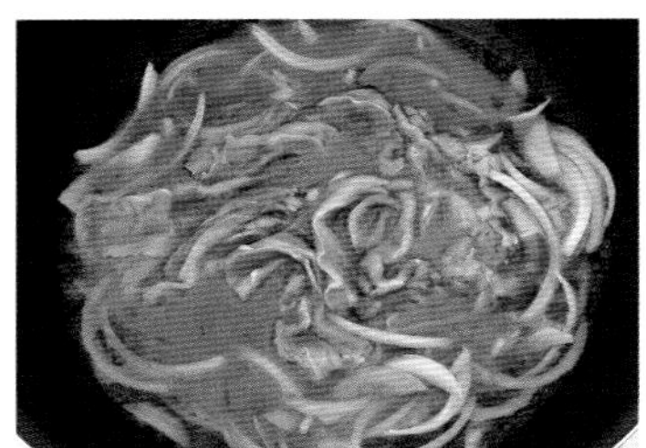

1 將醬汁倒進鑊中加熱。 1 min

2 加入牛肉及洋蔥，加蓋煮至入味。 5 mins

3 加入薑蓉再煮至醬汁濃稠。 2 mins

4 將做法 3 材料蓋於米飯上。

小貼士

- 洋蔥是吸收醬汁的精髓，故分量多點也可。
- 想有點蔬菜，也可在做法 2 加入喜歡的蔬菜同煮。

牛丼

10 mins

預算：約 $30　難度：★

那家牛肉飯連鎖店大家都耳熟能詳了，
當中的牛肉飯便宜大碗又好吃，
煮牛肉的醬汁更是靈魂所在，
其實自製也可做出這個水準來。

便當料理

材料 2 人分

豬扒……………2 塊（切塊）
粟粉……………適量
蒜頭……………3 粒（切粒）
蔥………………2 棵（切粒）
鹽………………1/4 茶匙
白胡椒粉………1/4 茶匙

醃料：

生抽……………1 湯匙
酒………………1/2 湯匙
鹽………………1/4 茶匙

做法

1 豬扒加入醃料醃。

2 將豬扒沾上薄薄粟粉。

3 熱鑊下油，放入豬扒煎至金黃色，盛起備用。5 mins

4 同鑊爆香蒜粒及蔥粒，放回豬扒略炒，灑上混合了的胡椒及鹽炒勻。3 mins

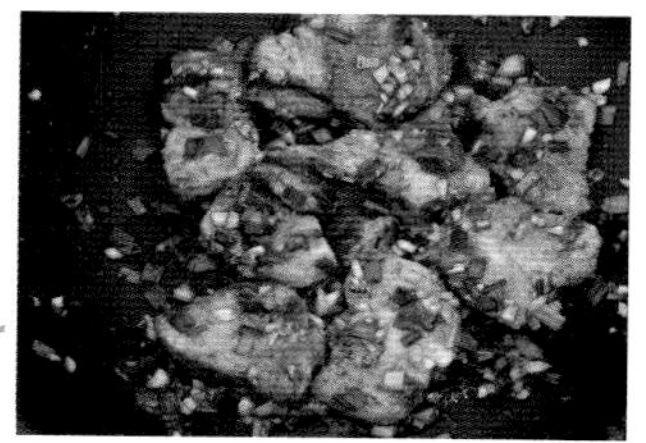

小貼士

- 豬扒加入醃料前，先以刀背剁鬆，肉質較鬆化。
- 要混成胡椒鹽，胡椒粉及鹽的比例最好為 1：1。

椒鹽豬扒

預算：約 $25 難度：★

豬扒是茶餐廳常見食材，
焗的吉列的炸的煎的做法甚多，
椒鹽豬扒相對容易在家製作，
只要有胡椒粉及鹽等基本調味便可。

材料 1 人分

熟米飯 ………… 1 碗
蝦仁 …………… 6 隻
甘筍 …………… 1/4 條（切粒）
菠蘿 …………… 1/2 罐（切塊）
蔥 ……………… 1/2 棵（切粒）
雞蛋 …………… 1 隻（發打）
鹽 ……………… 適量
糖 ……………… 1 茶匙
魚露 …………… 1 湯匙
咖喱粉 ………… 1 湯匙
肉鬆 …………… 適量

做法

1 蝦仁洗淨，以鹽稍醃。

2 將蛋液倒進熟米飯中拌勻。

3 熱鑊下油，放入蝦仁炒香，再加入米飯及甘筍拌炒。3 mins

4 下鹽、糖、魚露及咖喱粉調味。

5 加入菠蘿及蔥粒炒勻。1 min

6 盛盤後灑上肉鬆。

- 用魚露才有泰式風味，不要以生抽代替。
- 作便當攜帶的話，加熱後才灑肉鬆較好。

泰式 菠蘿炒飯

 預算：約 $25  難度：★

菠蘿炒飯在泰菜中是少數不辣菜式，
但卻不失惹味，
故頗受一家大小歡迎，
自家製也可做出泰式風味。

材料 1 人分

米粉⋯⋯⋯⋯⋯⋯⋯100g
蝦米⋯⋯⋯⋯⋯⋯⋯1 湯匙
免治豬肉⋯⋯⋯⋯⋯80g
蔥⋯⋯⋯⋯⋯⋯⋯⋯1 棵（切段）
白胡椒粉⋯⋯⋯⋯⋯適量
鹽⋯⋯⋯⋯⋯⋯⋯⋯適量
辣椒⋯⋯⋯⋯⋯⋯⋯1 條（切粒）
生抽⋯⋯⋯⋯⋯⋯⋯3 湯匙
老抽⋯⋯⋯⋯⋯⋯⋯1 茶匙

做法

1 將米粉放進沸水略灼，撈起瀝乾。3 mins

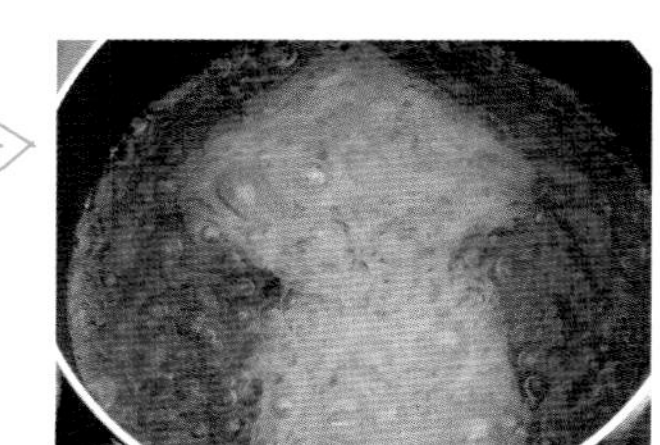

2 熱鑊下油，爆香蝦米及免治豬肉。1 min

3 下胡椒粉、鹽、1 湯匙生抽、辣椒炒至入味，盛起備用。1 min

4 熱鑊下油，放入米粉翻炒，加入蝦米肉碎炒勻。2 mins

5 加入老抽、2 湯匙生抽、蔥段炒勻。1 min

小貼士

米粉瀝乾後容易黏在一起，不易炒散，下鑊前在米粉中加少許油，再用筷子拌散，米粉便可條條分明。

肉碎蝦米炒米粉

5 mins

預算：約 $15　難度：★★

我很喜歡吃炒米粉，

因為材料既豐富又惹味，

自己炒的話可隨意配搭，

再加豉油調味便可。

材料 2 人分

免治牛肉……200g
熟米飯………2 碗
雞蛋…………2 隻（發打）
乾蔥…………1 粒（切粒）
蝦米…………2 茶匙
蝦醬…………1 湯匙
糖……………1/2 茶匙
蔥……………1 棵（切粒）

醃料：
生抽…………1/2 湯匙
紹興酒………1/2 湯匙
糖……………1/2 茶匙
粟粉…………1/2 茶匙
白胡椒粉……適量

做法

1 免治牛肉以醃料稍醃。

2 蝦米預先浸軟。

3 熱鑊下油，放入熟米飯翻炒，再倒入蛋液快速炒匀，盛起備用。 3 mins

4 熱鑊下油，爆香乾蔥、蝦米，放入免治牛肉炒熟。 2 mins

5 放入做法 3 的飯炒匀，加入蝦醬及糖調味，灑蔥粒快炒。 2 mins

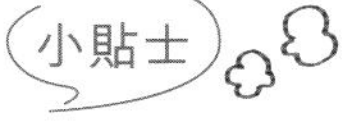

小貼士

蛋炒飯不要炒太久，否則回鑊炒的時候蛋會變得太乾身。

蝦醬炒飯

預算：約 $45　難度：★

炒飯是很自由的菜式，

材料配搭可以很隨意，

免治牛肉和雞蛋是常見選擇，

用蝦醬調味更添泰式風味。

2 人分

免治豬肉⋯⋯⋯180g
蓮藕⋯⋯⋯⋯⋯1/2 節（去皮切粒）
蝦醬⋯⋯⋯⋯⋯1 茶匙
糖⋯⋯⋯⋯⋯⋯1/2 茶匙
粟粉⋯⋯⋯⋯⋯1 茶匙

做法

1 將所有材料拌勻。

2 用湯匙舀起一匙蓮藕豬肉，放在手掌心按壓成一個個圓餅狀。

3 熱鑊下油，放入肉餅煎熟。 8 mins

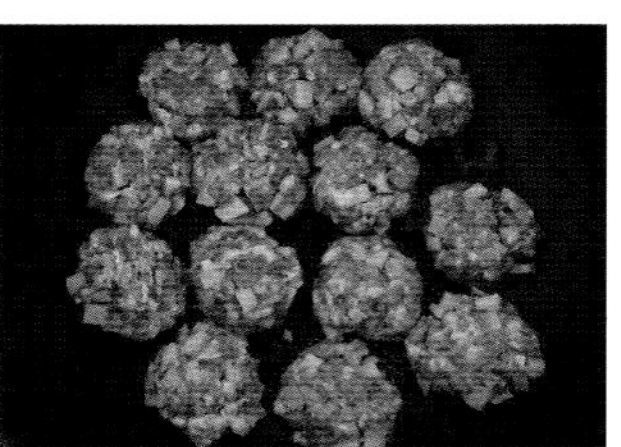

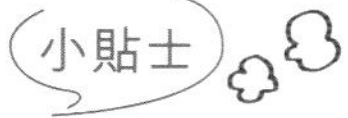

- 蓮藕可切細一點，較容易黏著免治豬肉。
- 肉餅不宜太厚，否則中間難煎熟。

18 mins
煎蝦醬
蓮藕肉餅
預算：約 $20
難度：★

蒸肉餅雖然好吃，
但還是煎的比較香口，
加少許蝦醬更為惹味，
混合蓮藕粒帶有爽脆感。

材料 1 人分

牛柳粒…………100g（切小粒）
豆角……………2 條（切粒）
洋蔥……………1/4 個（切粒）
甘筍……………1/6 條（切粒）
沙茶醬…………1 湯匙
生抽……………1/2 湯匙
米酒……………1 茶匙
貝殼粉…………100g
鹽………………適量

醃料：
鹽………………適量
黑胡椒…………適量

做法

1 牛柳粒以醃料稍醃。

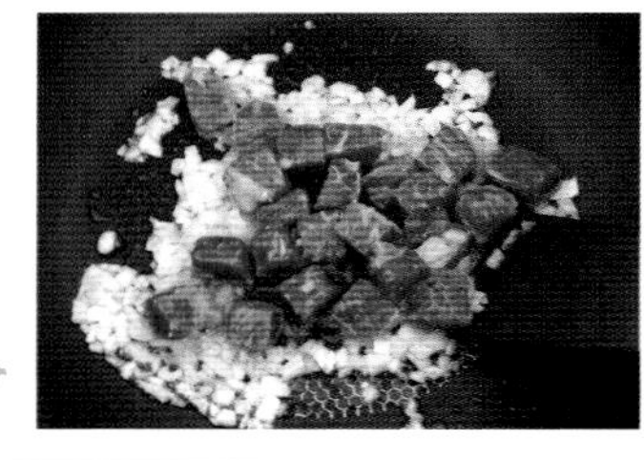

2 將貝殼粉放進沸水，下鹽煮熟 5 min 。豆角亦需略灼，撈起瀝乾。1 min

3 熱鑊下油，爆香洋蔥，加入牛柳粒略炒。2 mins

4 加入甘筍及豆角同炒。2 mins

5 放入貝殼粉，加沙茶醬、生抽及米酒炒勻。1 min

沒有貝殼粉，也可以用通心粉代替。

沙茶牛柳粒炒貝殼粉

預算：約 $45　難度：★

帶便當也不一定要以飯為基礎，
偶爾轉換口味吃意粉也不錯，
配以中式做法和調味，
多添了一份新鮮感。

材料 1 人分

日式麵餅……………1 個
雞胸肉………………1 片
番茄…………………1/2 個（切粒）
生菜…………………1/4 個（切絲）
日式麻醬……………適量

做法

1 雞胸肉放進沸水煮熟 5 mins，撈起放涼後撕成絲。

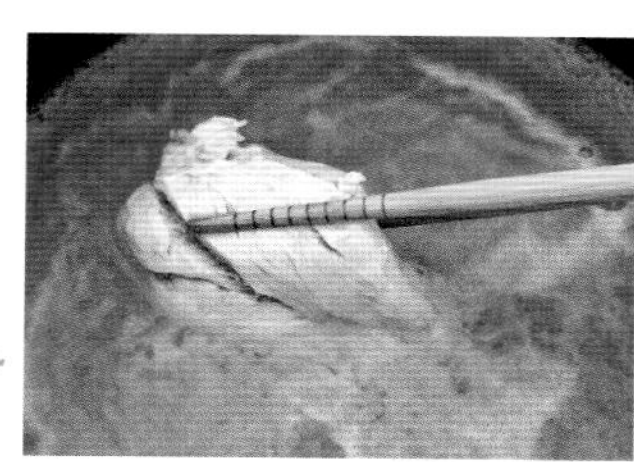

2 麵餅放進沸水灼軟 3 mins，撈起瀝乾盛盤。

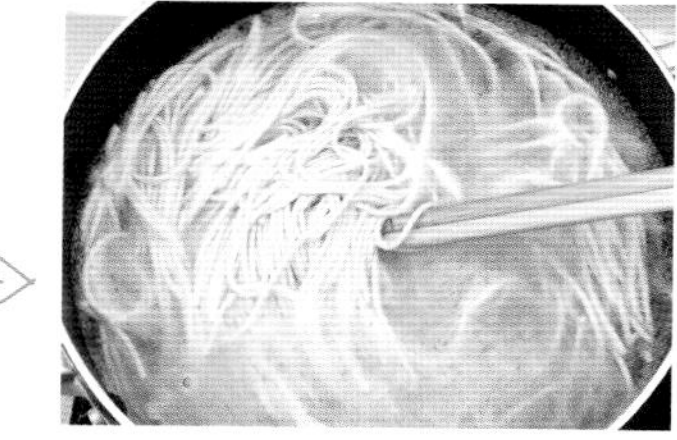

3 在麵條上鋪上雞絲、番茄及生菜，淋上麻醬拌勻。

小貼士

食用時才好加入麻醬，以免麵條變腍及醬汁變稀。

麻醬雞絲拉麵沙律

15 mins

預算：約 $20　難度：★

昔日有家連鎖日式食店，

招牌菜為拉麵沙律，

配料及做法並不複雜，

當作便當更不用加熱呢。

便當料理

材料 2 人分

雞扒……………1 塊（切 8 份）
鹽………………適量
粟粉……………適量
雞蛋……………1 隻（發打）
豆瓣醬…………1 茶匙

醬汁：
糖………………1 湯匙
茄汁……………5 湯匙
味噌……………2 湯匙
薑………………2 片（磨蓉）
蒜頭……………2 粒（磨蓉）
粟粉……………1 茶匙
水………………1/2 杯

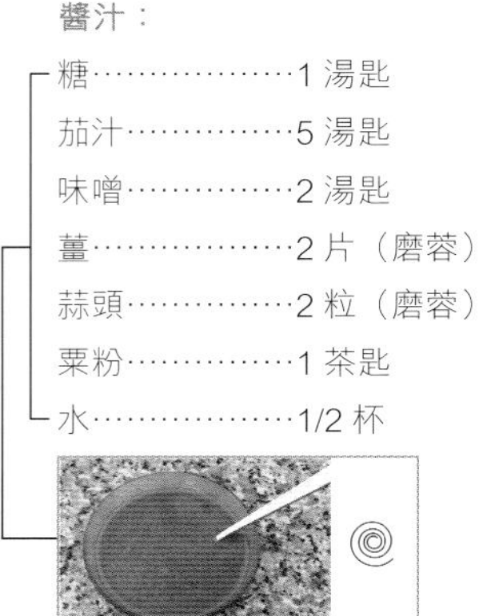

做法

1 雞扒以鹽及粟粉稍醃。

2 熱鑊下油，放入雞扒（雞皮向下）煎至兩面金黃。3 mins

3 加入豆瓣醬同炒。1 min

4 加入醬汁煮至濃稠。3 mins

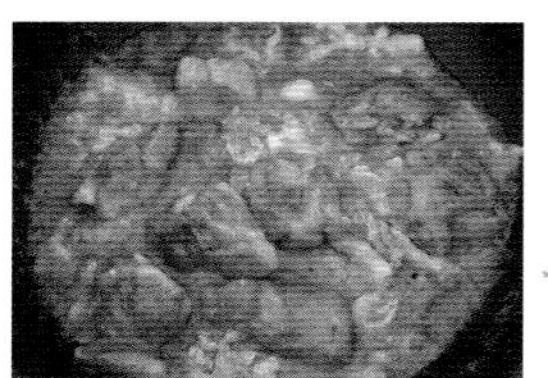

5 倒入蛋液，煮至僅熟。1 min

小貼士

- 醬汁加入味噌可增添鹹香味。
- 蛋液不要煮太熟，才可保持滑溜感。

茄汁蛋雞塊

預算：約 $12

難度：★

茄汁不一定只配炒蛋，
兩者加上可塑性高的雞扒，
已是上佳的開胃菜，
醬汁更可拌飯兩碗。

材料 2 人分

烏冬⋯⋯⋯⋯⋯⋯⋯ 2 個
火鍋豬肉片⋯⋯⋯⋯ 200g
本菇⋯⋯⋯⋯⋯⋯⋯ 1 包
洋蔥⋯⋯⋯⋯⋯⋯⋯ 1/2 個（切絲）
蔥⋯⋯⋯⋯⋯⋯⋯⋯ 1 棵（切粒）
七味粉⋯⋯⋯⋯⋯⋯ 適量

醬汁：

日式醬油⋯⋯⋯⋯⋯ 3 湯匙
酒⋯⋯⋯⋯⋯⋯⋯⋯ 1 湯匙
味醂⋯⋯⋯⋯⋯⋯⋯ 2 湯匙
糖⋯⋯⋯⋯⋯⋯⋯⋯ 1 湯匙

做法

1 熱鑊下油，放入洋蔥炒至透明，加入肉片、本菇炒勻。 2 mins

2 放入烏冬炒勻。 1 min

3 加入醬汁炒至入味。 2 mins

4 熄火前灑蔥粒和七味粉炒勻。 1 min

小貼士

烏冬最好先用手拆散才下鑊炒。

壽喜燒炒烏冬

 預算：約 $45  難度：★

壽喜燒即日式甜醬油火鍋，
味道偏甜得人喜愛，
若以湯底的基本調味料，
做成炒烏冬的醬汁，
頓時為味蕾帶來新鮮感。

材料 1 人分

熟米飯…………1 碗
粟米……………1 湯匙
生菜……………1/4 個（切絲）
西蘭花…………適量（切粒）
青瓜……………1/4 條（切粒）
沙茶醬…………2 湯匙
鹽………………適量
白胡椒粉………適量

做法

1 西蘭花放進沸水稍灼 2 mins，撈起瀝乾。

2 熱鑊下油，放入熟米飯翻炒。2 mins

3 加入粟米、生菜絲、西蘭花、青瓜同炒。2 mins

4 下沙茶醬、鹽及胡椒粉調味。1 min

5 在飯糰模鋪上保鮮紙，填入炒飯並壓緊，取出盛盤。

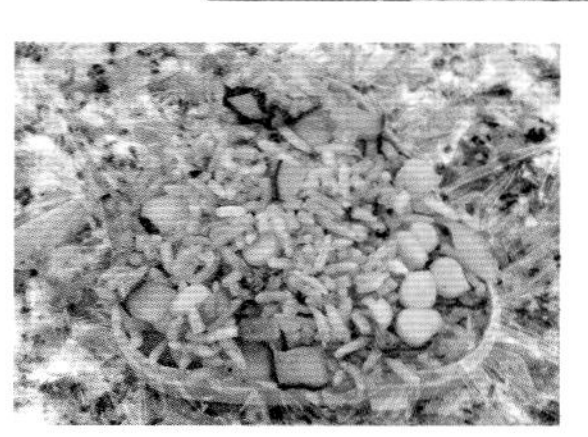

小貼士

- 想飯糰不易鬆散，除了要用力壓緊，飯粒也不要太乾身。
- 日式飯糰一般都是冷吃，但這種還是稍為加熱較美味。

10 mins
沙茶蔬菜飯糰
預算：約 $5
難度：★
帶便當的話炒飯是很好的選擇，
有多種配料之餘做法又方便，
將之用模具壓成飯糰，會令賣相更吸引。

材料 2 人分

蘿蔔…………1/3 條（去皮切條）
免治豬肉……100g
蔥……………1 棵（切粒）
麻油…………適量
薑……………1 片（磨蓉）
蒜頭…………1 粒（磨蓉）
粟粉水………2 湯匙

醬汁：
蠔油……1 湯匙
生抽……1 茶匙
糖………1/2 湯匙
雞粉……1 茶匙
水………100ml

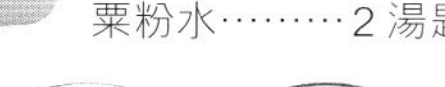

做法

1 熱鑊下油，爆香薑蓉及蒜蓉，加入免治豬肉同炒。 2 mins

2 加入蘿蔔同炒。 1 min

3 加入醬汁煮至入味。 7 mins

4 加入粟粉水拌煮，下麻油及蔥粒略煮。 1 min

小貼士

秋冬是蘿蔔當造季節，質素較佳。

蠔油蘿蔔煮肉碎

3 mins
8 mins

預算：約 $12　難度：★

蘿蔔清甜水分多，
煮得越久越入味，
除了配牛腩、魚鬆燜煮，
也可用簡單一點的肉碎。

材料 2 人分

雞肉……………1 塊（切片）
鮮木耳…………100g
生抽……………1 湯匙
粟粉……………1/2 茶匙
薑………………2 片
鹽………………適量
蠔油……………1 湯匙
蔥………………1 棵（切粒）

做法

1 雞肉加入生抽及粟粉稍醃。

2 木耳洗淨去蒂。

3 將木耳放進沸水灼熟，撈起瀝乾。

4 熱鑊下油，爆香薑片，放入雞肉炒熟，盛起備用。

5 原鑊放入木耳翻炒，加入雞片，下鹽調味。

6 加入蠔油炒至入味，熄火前灑蔥粒炒勻。

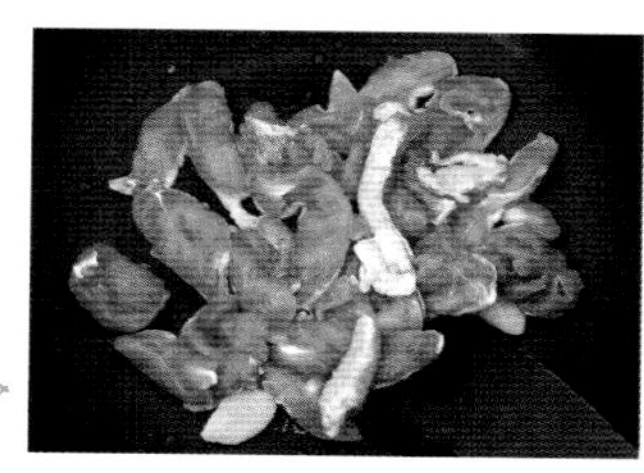

- 若買乾木耳，需要先浸發。
- 木耳的蒂比較硬，需要剪走。

蠔油木耳炒雞片

預算：約 $25　難度：★

帶便當最好做到營養均衡，

有菜有肉之餘調味最好簡單點，

爽口的木耳對人體有益，

配同樣健康的雞肉非常清怡。

便當料理

材料 1 人分

意大利粉⋯⋯⋯100g
秀珍菇⋯⋯⋯⋯1/2 包
明太子⋯⋯⋯⋯1 條
牛奶⋯⋯⋯⋯⋯50ml
淡忌廉⋯⋯⋯⋯50ml
芝士粉⋯⋯⋯⋯適量
芝士絲⋯⋯⋯⋯適量
鹽⋯⋯⋯⋯⋯⋯適量

做法

1 灼煮意粉後沖冷水備用。* 6 mins

*方法詳見「食材烹調法」。

2 明太子切開外衣後刮出魚卵。

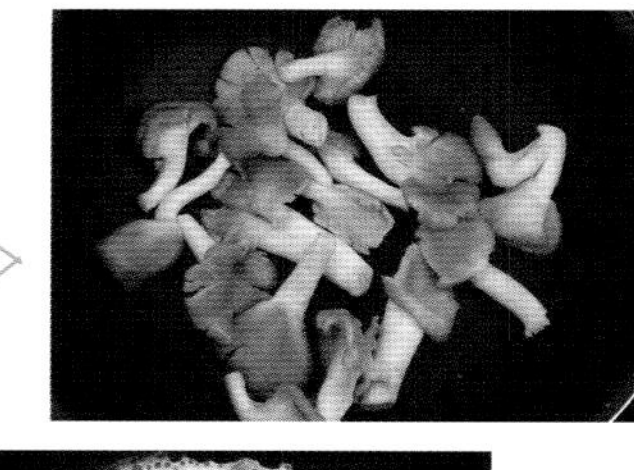

3 熱鑊下油，放入秀珍菇炒出香氣。 2 mins

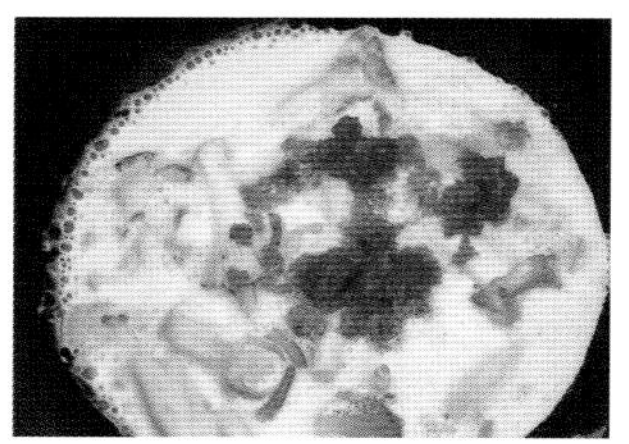

4 倒入牛奶、淡忌廉，再加入明太子。 3 mins

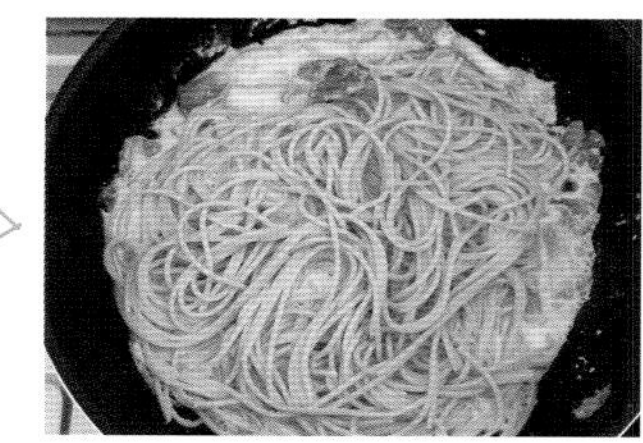

5 加入意粉、芝士粉、芝士絲及鹽煮至醬汁濃稠。 3 mins

小貼士

- 明太子於日式超市有售。
- 可保留少許明太子於盛盤後才加入，增添口感。

明太子白汁意粉

15 mins

預算：約 $30　難度：★

明太子是鱈魚魚卵，以鹽及辣椒醃製而成，
用來煮意粉是常見配搭，
鹹辣中帶爽口很是過癮。

材料 2 人分

魷魚……………200g
三色蔬菜………50g
洋蔥……………1/4 個（切粒）
咖喱粉…………1 茶匙
咖喱塊…………1 塊（切碎）
水………………5 湯匙
糖………………1/2 茶匙
鹽………………適量

做法

1 將魷魚放進沸水略灼，撈起瀝乾備用。 1 min

2 熱鑊下油，爆香洋蔥。 1 min

3 加入三色蔬菜拌炒。 1 min

4 加入咖喱粉、咖喱塊及水煮至溶化。 2 mins

5 加入魷魚同炒，下糖及鹽調味。 2 mins

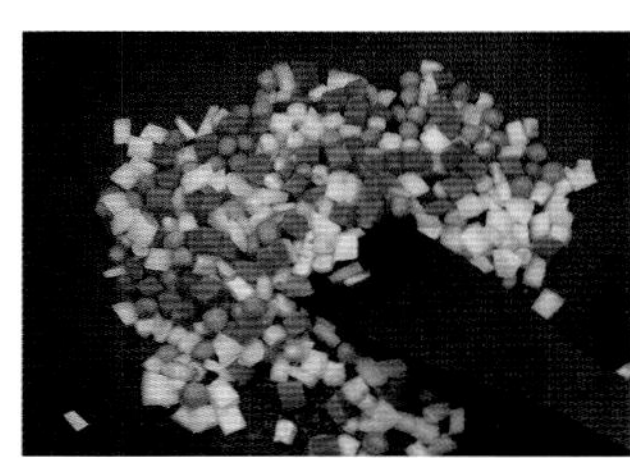

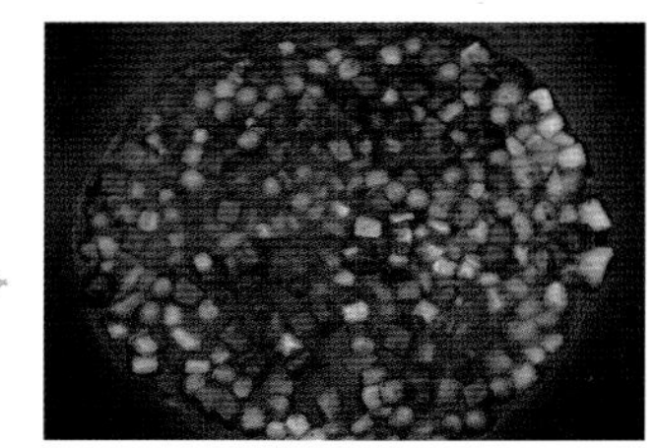

- 魷魚可選用超市急凍貨色，較方便。
- 咖喱塊先切碎才煮，較易溶掉。
- 如果醬汁較少，可酌量再加點水。

咖喱雜菜炒魷魚

 預算：約 $30  難度：★

如果時間有限，

帶便當只可煮一道菜，

應該有齊蔬菜及肉類或海鮮，

加上咖喱就更開胃。

材料 1 人分

意大利粉……100g
牛肉…………50g
韭菜花………100g（切段）
鹽……………適量
生抽…………1 湯匙

醃料：
生抽…………1 湯匙
酒……………1/2 湯匙
麻油…………1/2 湯匙
糖……………1/2 茶匙
白芝麻………1/2 湯匙
蒜頭…………1 粒（切粒）
薑……………1 片（切粒）
七味粉………適量
白胡椒粉……適量

做法

1 牛肉以醃料稍醃。

2 灼煮意粉後沖水備用。* 6 mins

*方法詳見「食材烹調法」。

3 煮沸水下鹽，放入韭菜花稍灼，撈起瀝乾。 2 mins

4 熱鑊下油，放入牛肉翻炒，加入韭菜花炒勻。 2 mins

5 加入意粉炒勻，下生抽調味。 2 mins

小貼士

若到街市買牛肉，可選較腍身的牛柳邊。

牛肉韭菜花炒意粉

 預算：約 $20  難度：★

意粉分中西式做法，
西式多以醬汁煮，
中式則以乾炒為主，
配料也是牛肉、菜等中式配搭。

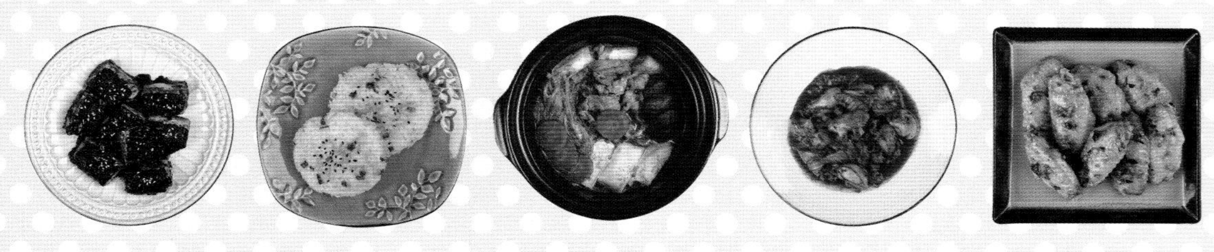

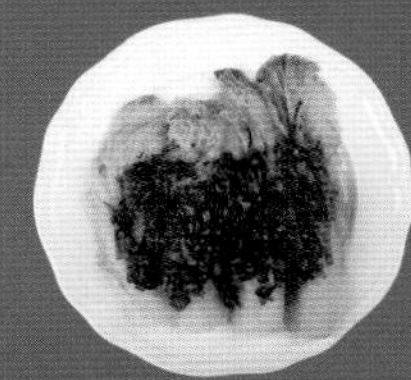

簡約食譜

主菜 • 粉麵飯 • 湯品 • 輕食 • 甜點

材料 2 人分

薄切豬肉片………10 片
鹽……………………適量
黑胡椒………………適量
沾醬：
味噌………………1 湯匙
蜜糖………………1/2 湯匙
水…………………20ml

做法

1. 豬肉片以鹽及黑胡椒稍醃。

2. 每塊豬肉片直切開半，每 5 塊一疊捲起，做成 4 個豬肉卷。

3. 熱鑊下油，放入豬肉卷煎熟，盛盤。5 mins

4. 沾醬混合後倒進耐熱容器，放進微波爐加熱，取出後用豬肉卷蘸點。1 min

小貼士

- 豬肉可選火鍋用急凍肉片。
- 煎肉卷要花點耐性，確保內裡已熟。

15 mins

車輪豬肉卷

預算：約 $20　難度：★

炒肉片吃得多都可轉個吃法，
將肉片捲起來煎，再蘸味噌蜜糖汁，
不用其他配菜已很美味。

材料 2 人分

免治雞肉…………300g
洋蔥………………1/2 個（切粒）
蒜頭………………2 粒（切粒）
淡忌廉……………1 湯匙
黑胡椒……………適量
鹽…………………適量
芝士………………1 片（切 1cm 方塊）
杏仁片……………適量

做法

1 將雞肉、洋蔥、蒜頭、淡忌廉、黑胡椒及鹽拌勻，再搓成一粒粒丸狀。

2 將每 4 塊小芝士片疊起備用。

3 稍為按壓雞肉丸中央，放上芝士，再包好肉丸。

4 將芝士雞肉丸沾上杏仁片。

5 焗爐以 200 度預熱，放入芝士雞肉丸焗至金黃。20 mins

小貼士

沒有淡忌廉，也可用牛奶代替。

流心芝士雞肉丸

30 mins

預算：約 $20　 難度：★

雞肉丸一般用來燒烤或放湯，
其實烤焗也可以很美味，
內裡有溶化流心芝士，
外面包裹香脆杏仁片，
很適合作派對小吃。

材料 1 人分

硬豆腐…………………… 1 磚
豆漿…………………… 50ml
原味棉花糖…………… 40g
黑芝麻粉…………… 適量
薄荷葉…………………… 2 片

做法

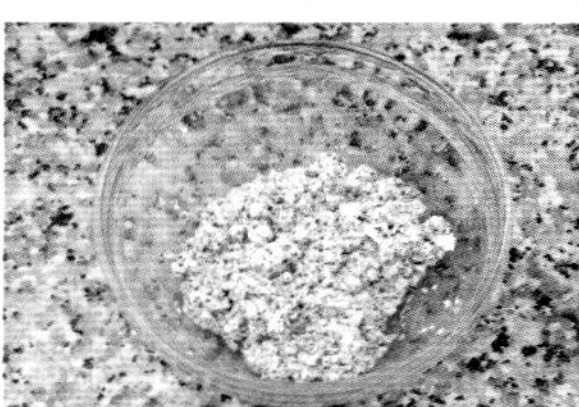

1 將豆腐放在容器中，鋪上廚房紙，用重物壓去多餘水分。

2 將豆漿加入棉花糖中，用微波爐加熱至棉花糖呈半溶。2 mins

3 將豆腐壓碎，加入 1 湯匙黑芝麻粉拌勻。

4 把做法 2 及 3 材料混合，用攪拌器打成糊狀。

5 將材料倒在杯中冷藏 1 小時。COLD

6 食用前在表面灑上黑芝麻粉，再插薄荷葉做裝飾。

小貼士

- 黑芝麻粉可在超市或烘焙店購得。
- 棉花糖已有甜味，不用加糖。

芝麻豆腐布甸

預算：約 $10　難度：★★

早前流行一種盆栽甜品，
外形像盆栽實質是 Tiramisu，
芝麻豆腐布甸也可做到這效果，
簡單之餘也比較低脂呢。

材料 2 人分

茄子………………2 條（滾刀切塊）
鹽………………… 適量
袋裝肉醬………… 1 袋
芝士絲……………適量

做法

1 將茄子放在耐熱容器，包好微波爐專用保鮮紙放進微波爐加熱。 5 mins

2 取出茄子，灑鹽拌勻。

3 在焗盤鋪好茄子，倒入肉醬，再灑上芝士絲。

4 焗爐以 200 度預熱，放入肉醬茄子焗至表面金黃。 15 mins

小貼士

大部分超市都有肉醬售賣，有罐裝及袋裝，除非常用，否則選分量少的袋裝較好。

芝士肉醬焗茄子

 預算：約 $15  難度：★

芝士 + 肉醬是無敵配搭，
用焗的方法更可令香氣提升，
焗意粉是常見菜式，
焗茄子則可當小菜伴吃。

材料 2 人分

肥牛肉⋯⋯⋯100g
金菇⋯⋯⋯⋯1/2 袋
甘筍⋯⋯⋯⋯1/2 條（切薄片）
豆腐⋯⋯⋯⋯1/2 盒（切件）
鮮冬菇⋯⋯⋯4 個
長蔥⋯⋯⋯⋯1/2 條（切段）
湯汁：
日式醬油⋯⋯2 湯匙
糖⋯⋯⋯⋯⋯1 湯匙
酒⋯⋯⋯⋯⋯1 湯匙
水⋯⋯⋯⋯⋯100ml

做法

1 將湯汁混和，倒進鍋中加熱。1 min

2 除牛肉外，將所有配料放進鍋中煮。3 mins

3 待材料變得軟身，放入牛肉略煮。1 min

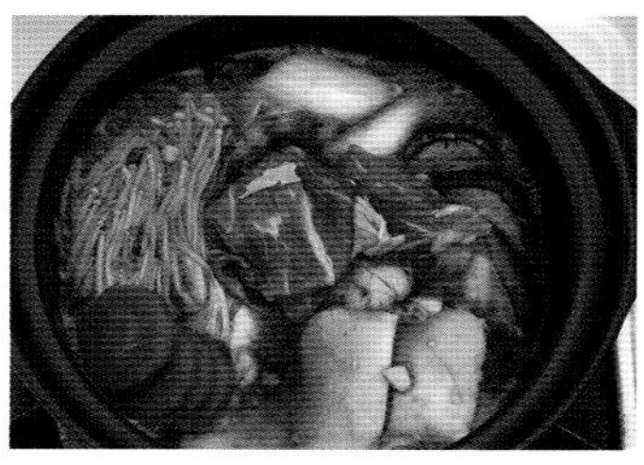

小貼士

- 正宗吃法可將材料蘸點蛋液同吃，食材會變得更滑溜，但因為是生吃，要注意雞蛋產地來源。
- 壽喜燒湯汁會較牛涮鍋少，味道更濃郁。

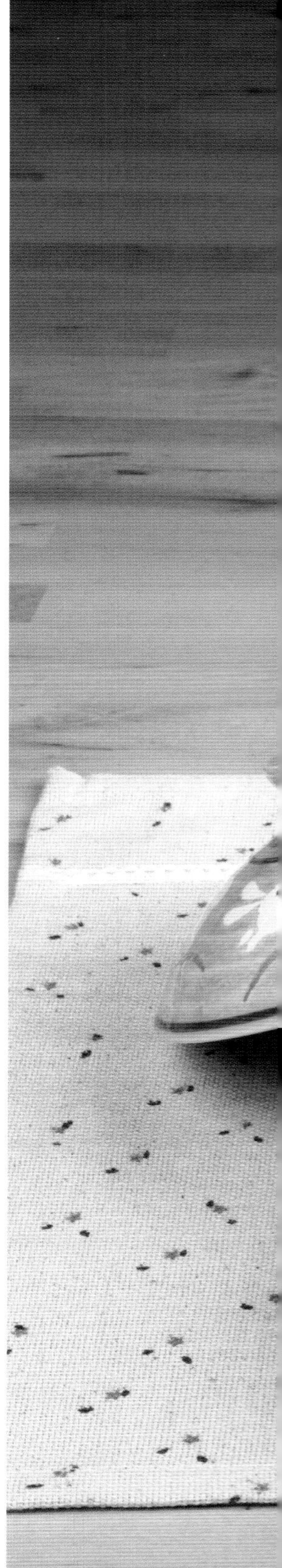

10 mins
簡易壽喜燒
預算：約 $45
難度：★

有別於清淡的 Shabu Shabu（牛涮鍋），Sukiyaki（壽喜燒）湯汁香濃惹味，配料雖多但做法容易，湯汁連配料全部倒進鍋裡煲煮即可，在家試試製作吧。

材料 1 人分

馬鈴薯………………… 1/2 個（去皮切粒）
蒜頭…………………… 2 粒（磨蓉）
煙肉…………………… 2 片（切粒）
洋蔥…………………… 1/4 個（切粒）
西芹…………………… 1/2 條（切粒）
罐頭番茄蓉…………… 1/2 罐
水……………………… 300ml
雞粉…………………… 1/2 茶匙
意大利粉……………… 10g（折段）
鹽……………………… 適量
白胡椒粉……………… 適量

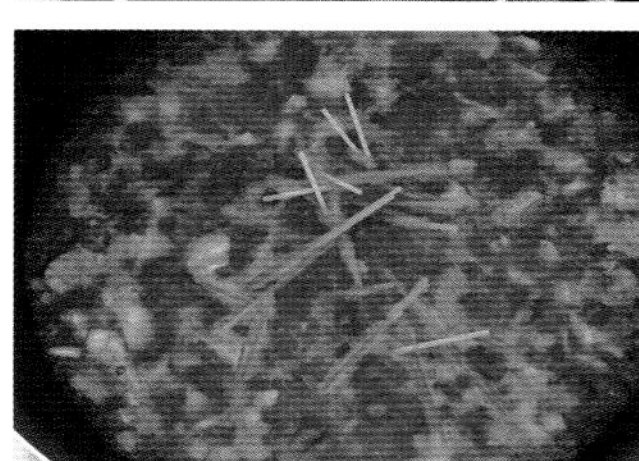

做法

1 馬鈴薯粒放進沸水灼熟，撈起瀝乾。 10 mins

2 熱鑊下油，放入蒜蓉、煙肉、馬鈴薯、洋蔥及西芹炒香。 2 mins

3 加入茄蓉、水煮沸，下雞粉調味。 3 mins

4 放入意粉，加蓋慢煮。 5 mins

5 下鹽及胡椒粉調味。 1 min

小貼士

- 蔬菜可隨喜好更換。
- 意粉不用先煮熟，直接放進湯內煮便可。

意大利雜菜湯

預算：約 $18　難度：★

意大利雜菜湯主要材料為番茄，
湯味濃郁得來又開胃，
加上多種蔬菜、馬鈴薯及意粉，
當作正餐也夠飽肚。

材料 2 人分

通心粉……………100g
青瓜………………1/2 條
洋蔥………………1/4 個（切絲）
雞蛋………………1 隻
鹽…………………適量
白胡椒粉…………適量
橄欖油……………1 茶匙
沙律醬……………7 湯匙
鹹餐包……………2 個

做法

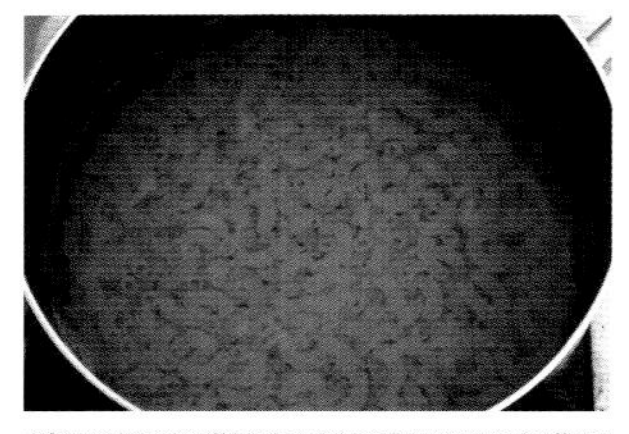

1 將通心粉放進沸水加鹽灼熟 3 mins，撈起後瀝乾。雞蛋亦放進沸水灼熟 5 mins，撈起剝殼切粒。

2 青瓜直切開半，斜切薄片。

3 洋蔥加鹽拌勻，用手捏去多餘水分。

4 在碗中放入通心粉、青瓜及洋蔥，下鹽、胡椒粉及橄欖油拌勻。

5 加入雞蛋粒及沙律醬拌勻。

6 麵包直切不到底，釀入沙律。

小貼士

沙律材料可按自己喜好隨意更換。

通粉沙律麵包

 預算：約 $20  難度：★

沙律清怡健康頗得人歡心，
但始終覺得不夠飽肚，
如果加添通心粉及麵包，
沙律也可以作正餐。

材料 2 人分

上海麵……………200g
蝦米………………2 湯匙
蔥…………………3 棵（切段）
乾蔥………………2 粒（切片）
紹興酒……………1 湯匙
鹽…………………適量
生抽………………1 湯匙
老抽………………1 茶匙

做法

1 蝦米放進水及紹酒泡至軟身，瀝乾備用。 

2 熱鑊下油，放入蔥段及乾蔥炒至乾身及呈金黃色，連同蔥油盛起備用。 6 mins

3 鑊內保留少許蔥油，爆香蝦米，盛起備用。 1 min

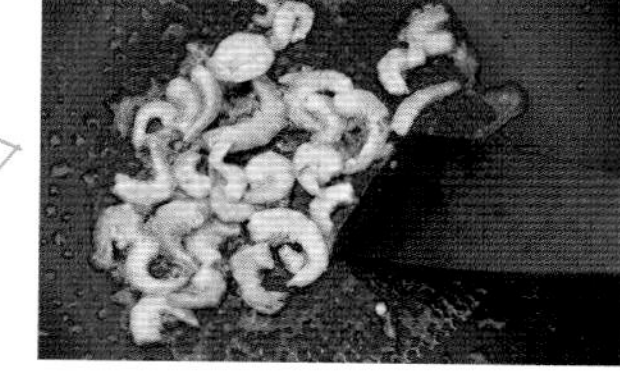

4 將麵條及鹽放進沸水灼熟，撈起瀝乾。 2 mins

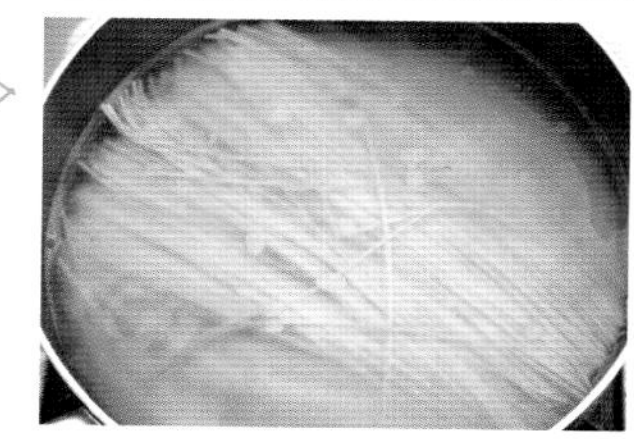

5 將麵條放進碗中，加入生抽、老抽、蔥油、鹽拌勻，再鋪上蝦米及蔥。

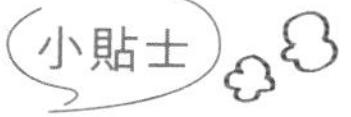

炒蔥油需要下多點油，才足夠用來拌麵。

此外要用小火炒蔥油，才能將蔥的香味發揮。

開洋蔥油拌麵

預算：約 $15　難度：★★

上海菜中的家常麵食，
開洋意即蝦米，
混和炒香的蔥油拌麵同吃，
簡單中帶超濃香氣。

材料 2 人分

雞翼……………… 8 隻

醃料：

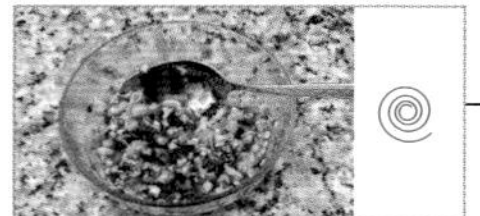

- 香茅……………… 2 條（切碎）
- 南薑……………… 1 塊（切碎）
- 檸檬葉…………… 5 片（切碎）
- 乾蔥……………… 2 粒（切碎）
- 魚露……………… 1 茶匙
- 泰式辣醬………… 2 茶匙
- 青檸汁…………… 1 湯匙
- 糖………………… 2 茶匙

做法

1 將雞翼洗淨瀝乾，加入醃料醃。

2 熱鑊下油，放入雞翼煎至兩面金黃。7 mins

3 加蓋焗熟雞翼。3 mins

小貼士

- 很多超市都提供冬蔭功湯料包，已包含香茅、檸檬葉、南薑、乾蔥及青檸，非常方便。此外亦可到泰式雜貨店購買。
- 如無泰式辣醬，用一般辣醬或切碎辣椒取代也可。
- 雞翼最好醃 1 小時以上，醃過夜更佳。

冬蔭功雞翼

預算：約 $30  難度：★

冬蔭功湯大家都喝過，其實也可用其香料作醃料，
酸辣味道如出一轍，變成吃得到的冬蔭功。

材料 1 人分

通心粉……100g
洋蔥………1/3 個（切絲）
蟹柳………100g（撕粗條）
蘑菇………2 個（切片）
牛油………20g
雞粉………1 茶匙
粟粉………2 湯匙
牛奶………250ml
鹽…………適量
白胡椒粉…適量
芝士絲……適量
番荽碎……適量

做法

1 通心粉放進沸水灼熟，撈起瀝乾。 3 mins

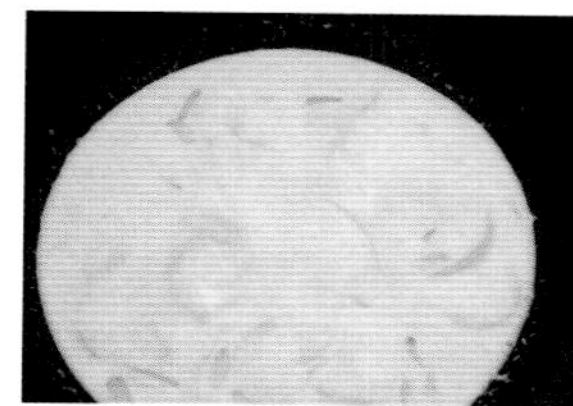

2 下牛油熱鑊，爆香洋蔥，加雞粉及粟粉拌炒。 2 mins

3 逐少加入牛奶，呈濃稠後下鹽及胡椒粉調味。 3 mins

4 加入蟹柳、通心粉及蘑菇拌煮。 2 mins

5 在耐熱容器倒入做法 4 材料。

6 鋪上芝士絲及番荽碎，放進 180 度焗爐焗至表面金黃。 10 mins

小貼士

想防止通心粉焗完後黏著耐熱容器，可於焗製前在盤的四周塗適量牛油溶液。

白汁蟹柳焗通心粉

 預算：約 $20  難度：★

通心粉不一定放湯才好吃，
加白汁芝士同焗更香濃惹味，
其他配料則可隨意選取。

焗巧克力蛋糕

 預算：約 $15

 難度：★

放假時想弄個簡單甜品？
杯裝巧克力蛋糕不難弄，
加上外脆內熱口感，
大人小朋友都會喜愛。

材料 2 人分

低筋麵粉……………………4 湯匙
可可粉……………………2 湯匙
糖……………………4 湯匙
雞蛋……………………1 隻
牛奶……………………3 湯匙
溶化牛油……………………3 湯匙
杏仁片……………………適量

做法

1 將全部材料（杏仁片除外）攪勻。

2 加入杏仁片拌勻。

3 焗爐以 200 度預熱，將材料倒進兩個小焗盅內，放入烘烤。15 mins

小貼士

- 沒有焗爐，也可用微波爐加熱 3 分鐘。
- 加入杏仁片可增加香脆口感。

迷你銀魚芝士薄餅

預算：約 $5

難度：★

銀魚其實即白飯魚，多用作煎蛋蒸蛋或椒鹽炒，
這個小吃以水餃皮作薄餅底，配料為白飯魚加芝士，
令薄餅帶點中式味道。

材料 2 人分

水餃皮⋯⋯⋯⋯⋯⋯⋯⋯ 6 塊
橄欖油⋯⋯⋯⋯⋯⋯⋯⋯ 適量
白飯魚乾⋯⋯⋯⋯⋯⋯⋯ 50g
芝士絲⋯⋯⋯⋯⋯⋯⋯⋯ 適量
白胡椒粉⋯⋯⋯⋯⋯⋯⋯ 適量
紫菜粉⋯⋯⋯⋯⋯⋯⋯⋯ 適量

做法

1. 焗盤鋪上錫紙，再鋪水餃皮。

2. 在水餃皮掃上適量油。
3. 鋪上白飯魚乾及芝士，再灑胡椒粉。

4. 焗爐以 200 度預熱，放入薄餅焗至金黃。10 mins
5. 取出後灑上紫菜粉。

小貼士

- 白飯魚乾可在街市海味乾貨檔購得。
- 沒有紫菜粉，也可用番荽碎或香草碎代替。

材料 2 人分

馬鈴薯……3 個（削皮切塊）
甘筍………5cm（切粒）
青瓜………1 條（切薄片）
洋蔥………1/4 個（切絲）
火腿………4 片（切粒）
橄欖油……1 湯匙
鹽…………適量
白胡椒粉…適量
醋…………2 茶匙
沙律醬……適量

做法

1 將馬鈴薯放進沸水煮熟，撈起瀝乾。熄火前3分鐘放入甘筍粒同灼，撈起瀝乾。

2 將馬鈴薯搗爛，加入橄欖油、鹽、胡椒粉、醋拌勻。

3 青瓜及洋蔥加入少許鹽，用手捏去多餘水分。

4 將所有材料及沙律醬混合。

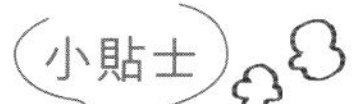

小貼士

- 馬鈴薯切成小塊才放進沸水煮，比較快熟。
- 青瓜及洋蔥容易出水，加鹽擦洗可帶出多餘水分。
- 想口味刺激一點，也可加點日式芥末。

馬鈴薯沙律

預算：約 $20　難度：★

馬鈴薯可說是沙律中的經典食材，
它也比蔬菜或水果沙律多一份飽肚感，
只要配搭沙律醬和其他喜歡的食材，
也可成為一道正餐。

材料 2 人分

西蘭花⋯⋯⋯1 棵	牛奶⋯⋯⋯⋯300ml
小扇貝⋯⋯⋯200g	雞粉⋯⋯⋯⋯1 茶匙
洋蔥⋯⋯⋯⋯1/2 個（切條）	鹽⋯⋯⋯⋯⋯適量
本菇⋯⋯⋯⋯1 包	黑胡椒粉⋯⋯適量
牛油⋯⋯⋯⋯20g	粟粉⋯⋯⋯⋯2 湯匙
麵粉⋯⋯⋯⋯1 湯匙	

做法

1 西蘭花洗淨後切小棵，放進沸水灼煮。* 6 mins

*洗西蘭花方法詳見「食材準備篇」。

2 扇貝洗淨後以鹽及胡椒粉稍醃，再沾上薄薄粟粉。

3 熱鑊下一半牛油，放入扇貝煎至金黃，盛起備用。3 mins

4 熱鑊下剩餘牛油，爆香洋蔥，加入本菇及麵粉同炒。2 mins

5 加入牛奶煮沸。2 mins

6 放入扇貝、西蘭花、雞粉、鹽及胡椒粉煮至湯汁轉濃稠。8 mins

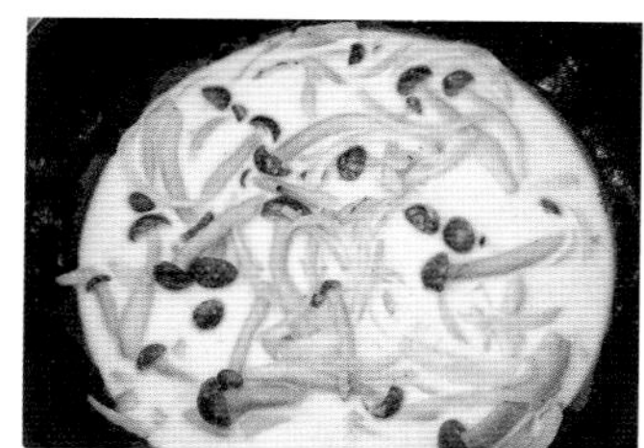

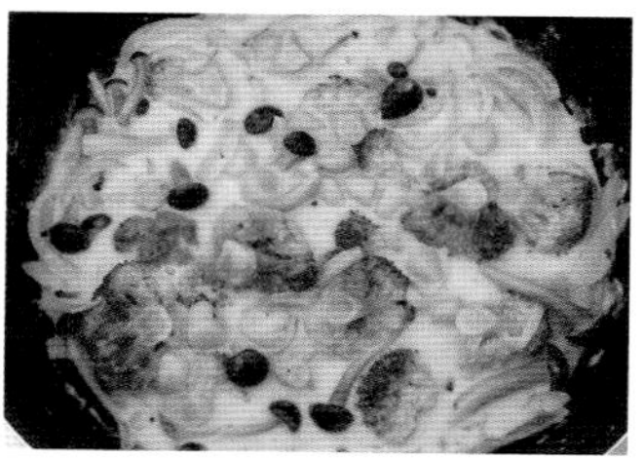

小貼士

- 以牛油起鑊，味道更香，不過沒有的話也可用橄欖油代替。
- 加入麵粉可令湯汁變稠。

白汁扇貝煮西蘭花

預算：約 $60  難度：★

小扇貝得體之餘又不太花費，
將之煎香後加入蔬菜、牛奶燉煮，
有營養而且飽肚，
利用白汁拌飯或意粉更滋味。

材料 2 人分

鮮冬菇…………3 個（切片）
本菇……………1 袋
金菇……………1 袋
洋蔥……………1/4 個（切絲）
鹽………………適量
白胡椒粉………適量

蛋汁：

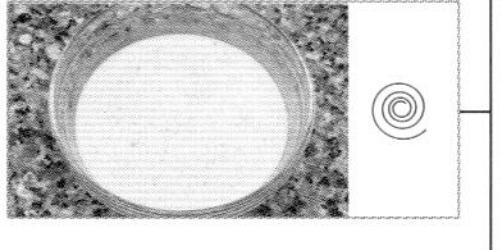

雞蛋……………2 隻
淡忌廉…………1/2 杯
鹽………………適量
白胡椒粉………適量
芝士絲…………60g

做法

1 本菇及金菇去蒂後拆散。

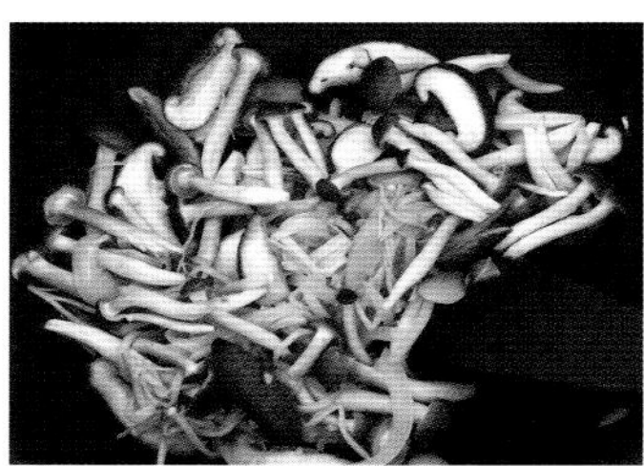

2 熱鑊下油，爆香洋蔥，放入雜菌同炒，加鹽及胡椒粉調味。

3 將雜菌放在焗盤裡，倒入蛋汁，放進以 180 度預熱的焗爐焗至金黃。20 mins

小貼士

- 加入淡忌廉可令蛋汁更香滑。
- 焗蛋時間可隨自己喜歡蛋的熟度調整。

雜菌芝士焗蛋

預算：約 $25　難度：★

我很喜歡吃菌類，除了用炒的方法，
也可嘗試加蛋汁同焗，
芝士絲更令這道菜添上香氣。

材料 1 人分

熟米飯……………………… 1 碗
火腿……………………… 1 片（切粒）
本菇……………………… 1/4 袋
蔥……………………… 1 棵（切粒）
蠔油……………………… 2 茶匙
酒……………………… 1 茶匙
白芝麻……………………… 適量
錫紙……………………… 1 張

做法

1 取一張錫紙，先放熟米飯，再在上面放火腿、本菇及蔥粒。

2 加入蠔油及酒，將錫紙摺起成兜狀。

3 在鍋中加水至 2cm 高，放入錫紙，加蓋蒸煮。

4 飯料移至容器拌勻，灑上芝麻。

小貼士

- 錫紙儘量取大張一點，容易包裹飯料，亦不會蒸煮時滲水。
- 如無錫紙，可以用碟盛載飯料，隔水蒸熟。

本菇火腿蠔油拌飯

預算：約 $5　 難度：★

剩飯不僅可以用來炒，
加上簡單配料及調味料，
加熱後拌勻即可進食，
快捷之餘也不用一滴油。

材料 2 人分

一字排…………540g
可樂……………1/2 罐
生抽……………2 湯匙
蒜頭……………2 粒（拍爛）
米酒……………1/2 湯匙

做法

1 將一字排放進沸水中灼至轉色，撈起瀝乾。 3 mins

2 將一字排及蒜頭放在鑊中。

3 倒入米酒、生抽和可樂煮沸 1 min ，蓋蓋燜煮至醬汁轉濃稠。 20 mins

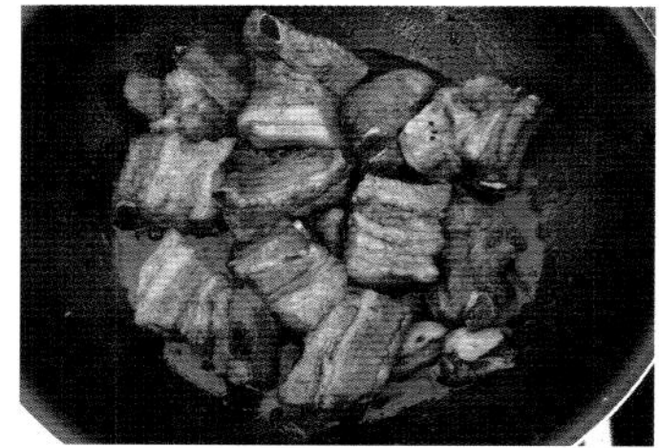

小貼士

一字排選帶少許肥的較鬆化及香口。

可樂骨

預算：約 $45　難度：★

用可樂入饌能產生美妙化學作用，
不僅可令肉質變鬆化，
色澤亦會更亮麗，
第 1 輯已做過可樂雞翼，
這次就用一字排來燜吧。

材料 2 人分

米粉…………200g
蝦仁…………6 隻
雞蛋…………1 隻（發打）
洋蔥…………1/4 個（切絲）
青燈籠椒……1/4 個（切絲）
辣椒…………1 隻（切粒）
火腿…………2 片（切條）
叉燒…………50g（切條）
咖喱粉………1.5 湯匙
鹽……………適量
白胡椒粉……適量

做法

1 米粉泡水浸軟後瀝乾。蝦仁以鹽及胡椒粉稍醃。

2 熱鑊下油，倒入蛋液炒至剛熟，盛起備用。1 min

3 熱鑊下油，放入蝦仁炒熟，盛起備用。2 mins

4 熱鑊下油，爆香洋蔥、青椒及辣椒。1 min

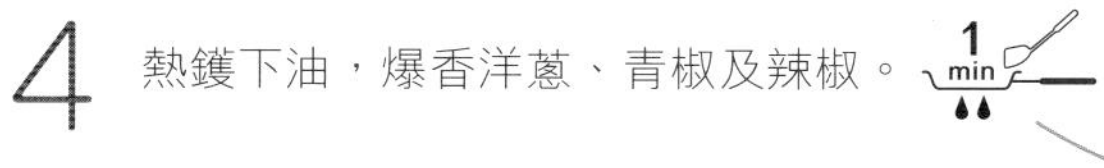

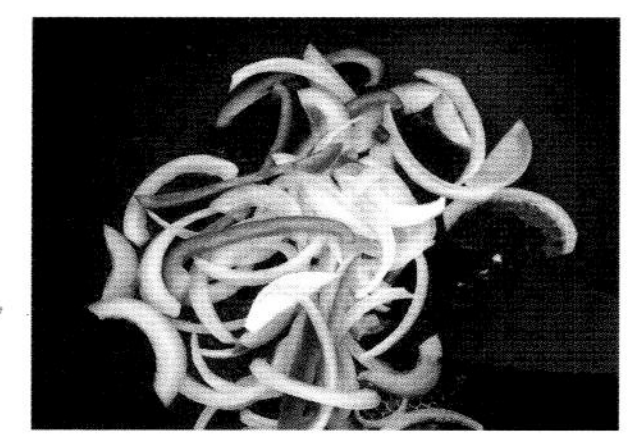

5 加入米粉同炒，下咖喱粉及鹽炒勻。4 mins

6 加入火腿、炒蛋、叉燒、蝦仁炒勻。2 mins

小貼士

- 想米粉加快軟身，也可放進沸水略灼。
- 配料可隨喜好選擇，有些人會加入芽菜及韭黃。

星洲炒米

預算：約 $15　難度：★★

茶餐廳最常見亦最熱點的菜式，
在家自製味道及配料可自由控制，
只是材料及工序頗多，
是頗花心機的一道菜。

材料 2 人分

蘑菇……………… 2 盒（切片）
白酒……………… 1 湯匙
鹽………………… 適量
黑胡椒…………… 適量
香草碎…………… 1 茶匙
雞湯……………… 2 杯
淡忌廉…………… 100ml
黑松露醬………… 1 茶匙

做法

1 熱鑊下油，放入蘑菇炒至軟身，下白酒、鹽及黑胡椒調味。 2 mins

2 將蘑菇放進攪拌器，加入香草碎及雞湯攪爛。

3 將蘑菇湯倒進鑊中煮熱。 3 mins

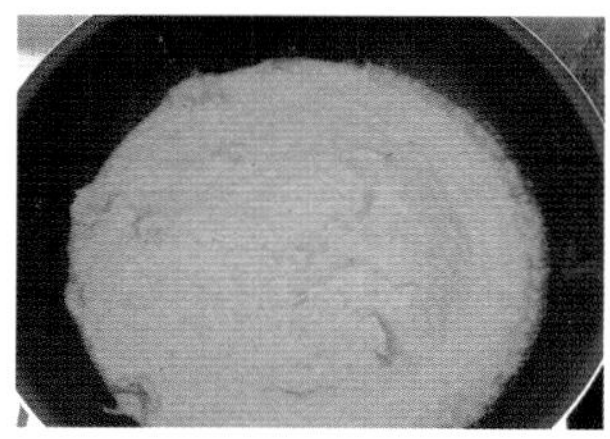

4 加入淡忌廉拌煮。 3 mins

5 盛盤後加黑松露菌醬。

小貼士

想蘑菇湯再幼滑一點，可增加淡忌廉分量。

黑松露蘑菇湯

預算：約 $70　難度：★

黑松露是貴價食材，
黑松露醬相對平易近人，
在菜式加一小匙足以生色不少，
也可令蘑菇湯更添濃郁。

材料 1 人分

牛肉……………… 60g
洋蔥……………… 1/4 個（切粒）
熟米飯…………… 1 碗
生抽……………… 1/2 湯匙
咖喱塊…………… 1 塊
沸水……………… 200ml
鹽………………… 適量
芝士絲…………… 適量

做法

1 牛肉以生抽稍醃  。將咖喱塊與沸水調勻。

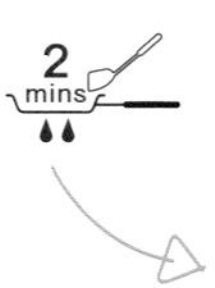

2 熱鑊下油，爆香洋蔥，加入牛肉、熟米飯炒勻。 2 mins

3 逐少加入咖喱水炒至乾身，下鹽調味。 3 mins

4 將做法 3 材料盛於焗盤中，撒上芝士絲。

5 焗爐以 200 度預熱，放入焗盤焗至表面金黃。 

先切碎咖喱塊，再與沸水拌勻，可加快溶化。

芝士咖喱牛肉焗飯

預算：約 $25　難度：★

想弄一頓簡單又快捷的飯，
焗飯是不錯的選擇，
鋪上香濃的半溶芝士，
頗能刺激食慾。

材料 2 人分

牛肋肉……………………500g（切段）
蘑菇……………………7 個
老抽……………………1/2 湯匙
水……………………適量
生抽……………………1 湯匙
酒……………………1/2 湯匙
鹽……………………適量
蔥……………………1 棵（切段）

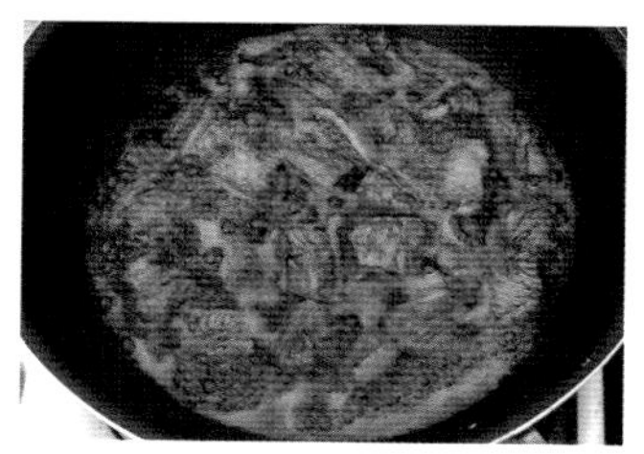

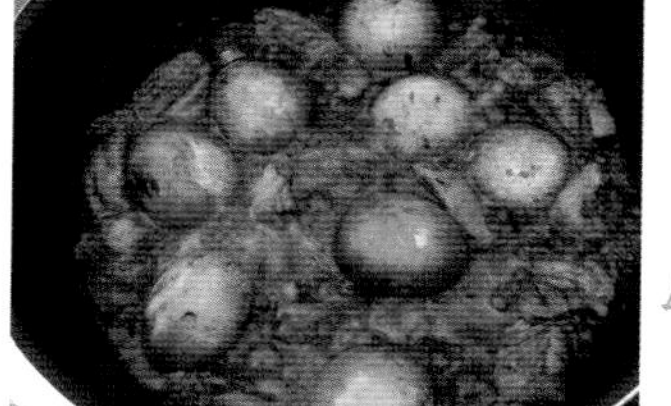

做法

1 將牛肋肉泡在水裡去除血水  。蘑菇除蒂。

2 熱鑊下油，放入牛肋肉翻炒，加入老抽炒至牛肉均勻上色。5 mins

3 加水至蓋過牛肉，加入生抽和酒煮沸。4 mins

4 加入蘑菇、鹽，蓋蓋燜至湯汁轉濃稠。10 mins

5 放入蔥段略煮。1 min

超市有急凍牛肋肉出售。

牛肋肉燴蘑菇

預算：約 $70　難度：★★

牛肋肉啖啖肉又軟脍，
最適宜作燜燉菜式，
除了用紅酒、蘿蔔燜，
蘑菇跟牛肉也是好拍檔。

布甸味吐司

 預算：約 $25

 難度：★

日式布甸香濃美味，其實作塗醬用也可以，
塗在吐司上再焗，金黃色澤非常誘人。

材料 2 人分

雞蛋布甸……………………1 杯
長型法包……………………1 條
糖………………………………適量

做法

1. 將法包切片（約 1cm 厚）。

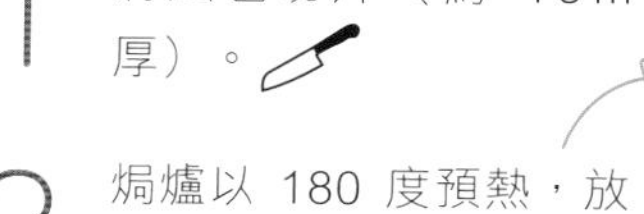

2. 焗爐以 180 度預熱，放入法包烤焗。5 mins

3. 取出法包，在面頭塗上布甸，再灑適量糖。

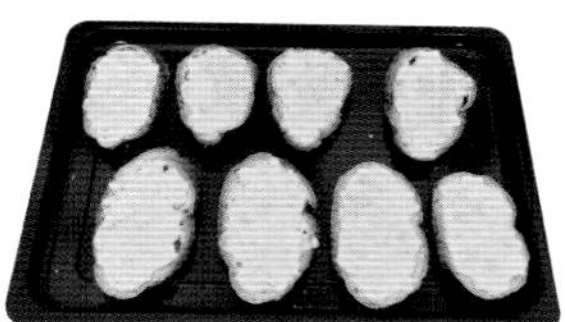

4. 放入法包焗至金黃。

小貼士

布甸已帶甜味，不用下太多糖。

香蕉燉蛋

預算：約 $5

難度：★

中式燉蛋燉奶滑嫩香濃，
冬天吃尤其滋味，
若再混入香蕉蓉，
可增添甜甜香氣。

材料 2 人分

熟香蕉…………2 隻
糖………………2 湯匙
雞蛋……………2 隻（發打）
牛奶……………150ml

做法

1 香蕉剝皮切小段，用叉壓成香蕉蓉，留數片香蕉待用。

2 加入糖及蛋液攪拌。

3 倒入牛奶拌勻，用湯匙舀走表面泡沫。

4 將香蕉牛奶倒進杯中，覆蓋保鮮紙，隔水蒸至凝固。15 mins

5 取出後鋪上香蕉片。

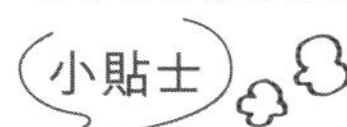

小貼士

用熟香蕉比生的香甜，亦較容易壓成蓉。

材料 2 人分

厚身麵包…………2 片（切塊）
雞蛋………………1 隻（發打）
椰漿………………150ml
咖喱塊……………1 塊（切碎）
雞肉………………50g（切粒）
三色蔬菜…………3 湯匙
鹽…………………適量

做法

1 熱鑊下油，爆香雞肉及蔬菜，下鹽調味，盛起備用。2 mins

2 椰漿取一半跟蛋液拌勻，剩餘的跟咖喱塊在鑊中加熱融化。3 mins

3 將椰漿蛋液及椰漿咖喱拌勻。

4 將麵包塊放進焗盤，加入雞肉蔬菜，再倒入做法 3 的椰漿。

5 焗爐以 200 度預熱，放入麵包布甸烤至金黃。20 mins

小貼士

選用厚身麵包較有質感及美觀。

咖喱麵包布甸

 預算：約 $40  難度：★

麵包布甸多屬香甜口味，
這次做個鹹味版本，
以咖喱汁代替雞蛋牛奶，
加上雞肉及三色蔬菜，
是頗飽肚的派對小吃。

材料 2 人分

鯖魚……………………… 1 條
蒜頭……………………… 2 粒（切粒）
鹽………………………… 1/4 茶匙
白胡椒粉………………… 1/4 茶匙
辣椒……………………… 1 條（切粒）
蔥………………………… 1 棵（切粒）

做法

1 鯖魚洗淨後，直切開半再切塊。

2 熱鑊下油，放入鯖魚煎至兩面金黃，盛起備用。

3 熱鑊下油，爆香蒜粒，放入鯖魚同炒。

4 將鹽及胡椒粉混合，灑在鯖魚上炒勻。

5 熄火前加入辣椒及蔥粒炒勻。

小貼士

- 超市有急凍鯖魚柳出售，並已開半，非常方便。
- 煎鯖魚時儘量煎至魚皮香脆，較惹味。
- 家中有椒鹽的話就不用將鹽及胡椒粉混合，分量約半茶匙便可。

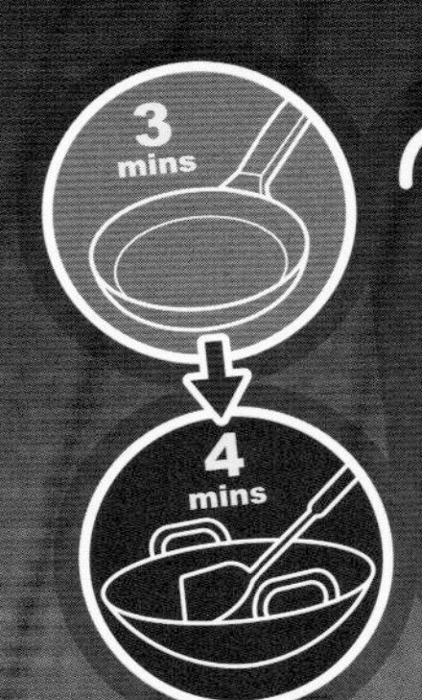

椒鹽鯖魚

預算：約 $20　難度：★

又名青花魚的鯖魚是廉價魚類，
但略嫌腥味有點重，
這次以椒鹽炒代替燒，
鹹香味道足以掩蓋魚腥味。

材料 2 人分

免治豬肉…………………… 200g
韭菜花……………………… 150g（切 1cm 長）
罐頭粟米…………………… 1/2 罐
蒜頭………………………… 2 粒（切粒）
沙茶醬……………………… 1 湯匙
鹽…………………………… 適量
白胡椒粉…………………… 適量

醃料：

生抽………………………… 1 湯匙
酒…………………………… 1 茶匙

做法

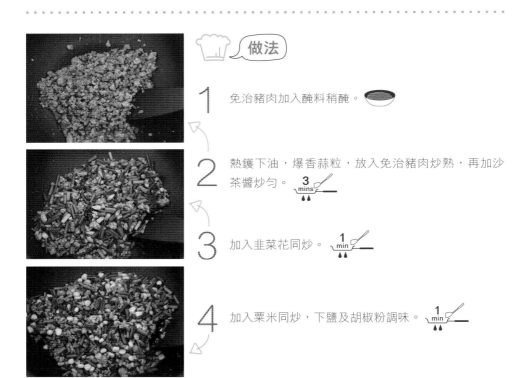

1 免治豬肉加入醃料稍醃。

2 熱鑊下油，爆香蒜粒，放入免治豬肉炒熟，再加沙茶醬炒勻。3 mins

3 加入韭菜花同炒。

4 加入粟米同炒，下鹽及胡椒粉調味。1 min

韭菜及粟米快熟，不用炒太久。

沙茶韭菜肉碎炒粟米

預算：約 $20　難度：★

色彩豐富的菜式何時都吸引，
粟米、韭菜花鮮艷又健康，
配肉碎及惹味的沙茶醬，
是佐飯佳品。

材料 2 人分

南瓜……200g（去皮切粒）
本菇……1 袋
洋蔥……1/4 個（切粒）
米………1 杯（洗淨）
咖喱粉…1 湯匙
牛油……20g
白酒……60ml

白胡椒粉…適量
鹽…………適量
芝士粉……2 湯匙
湯汁：
咖喱塊……1 塊
水…………600ml

做法

1 將咖喱塊切碎，以沸水煮溶。 3 mins

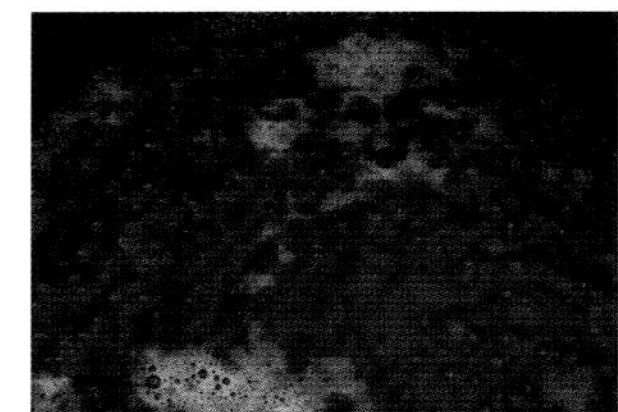

2 熱鑊下牛油，放入本菇、洋蔥翻炒，再加入米及咖喱粉同炒。 5 mins

3 米呈半透明時，加入白酒及南瓜同炒。 2 mins

4 分 3 次倒入咖喱湯汁，炒至乾身。 10 mins

5 下胡椒粉、鹽及芝士粉調味。 1 min

小貼士

- 咖喱塊要儘量切碎，才較易煮溶。
- 最後一次倒入咖喱湯汁可加蓋稍煮，以加快收乾湯汁，但都要不時攪拌。

咖喱南瓜燉飯

 預算：約 $20　難度：★★

說到燉飯大家可能會想到意式 Risotto，
這次不用意大利米及雞湯，
改用普通米及自製咖喱湯底，
因為濃味所以配南瓜及菌類已足夠。

材料 2 人分

年糕⋯⋯⋯⋯350g
豬肉⋯⋯⋯⋯200g（切絲）
雪菜⋯⋯⋯⋯50g
薑⋯⋯⋯⋯⋯2 片
蒜頭⋯⋯⋯⋯1 粒（切粒）
辣椒⋯⋯⋯⋯1 隻（切粒）
白胡椒粉⋯⋯適量
生抽⋯⋯⋯⋯1/2 湯匙
紹興酒⋯⋯⋯1 湯匙
糖⋯⋯⋯⋯⋯1/2 茶匙
鹽⋯⋯⋯⋯⋯適量
水⋯⋯⋯⋯⋯2 湯匙

做法

1 年糕泡水解凍。雪菜略浸泡後切 1cm 長。

2 熱鑊下油，爆香薑片、蒜頭及辣椒。1 min

3 加入豬肉絲及胡椒粉同炒。2 mins

4 下生抽及紹興酒調味。1 min

5 加入雪菜同炒。1 min

6 加入年糕、糖、鹽及水，煮至年糕軟腍。3 mins

小貼士

- 雪菜略浸泡可去除多餘鹽分。
- 水可分幾次逐少加入，再視乎情況加減分量。

雪菜肉絲炒年糕

預算：約 $40  難度：★★

上海菜及韓國菜常以年糕入饌，
韓國多以辣醬拌煮，
上海炒年糕會加入雪菜及肉絲，
鹹香且飽肚，可作主食。

材料 2 人分

馬鈴薯	1/2 個（切塊）	麵粉	2 湯匙
甘筍	1/2 條（切塊）	咖喱粉	1 茶匙
西蘭花	1/2 棵（切小棵）	水	150ml
粟米筍	1/2 罐	鹽	適量
本菇	1/2 包	雞粉	1 茶匙
牛油	2 湯匙	椰漿	150ml

做法

1 熱鑊下牛油煮溶，加入麵粉及咖喱粉同炒，倒入水攪拌，下鹽及雞粉調味。 4 mins

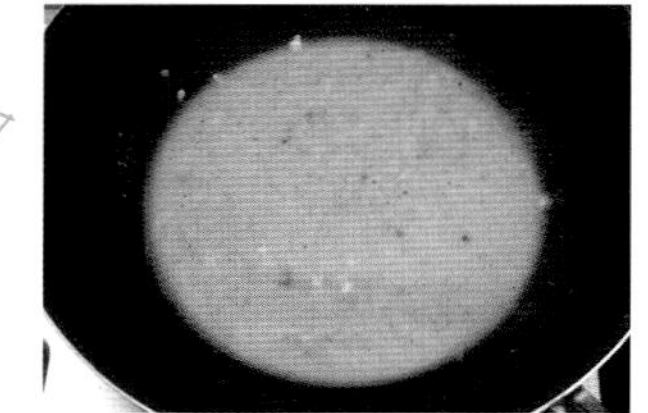

2 加入椰漿略煮，熄火備用。 1 min

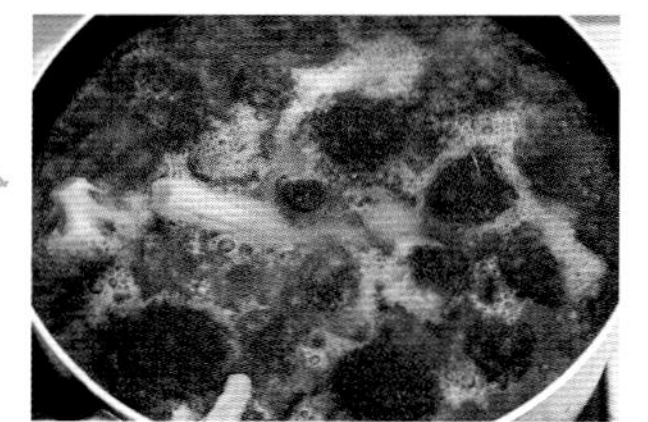

3 將所有蔬菜放進加了鹽的沸水灼熟，撈起瀝乾。 3 mins

4 將蔬菜盛於耐熱容器中，倒入葡汁。

5 焗爐以 200 度預熱，放入容器焗至葡汁微焦。 10 mins

小貼士

- 葡汁可自己調節濃稠度，煮得越久越稠，不過個人覺得微稠已可。
- 蔬菜灼煮時間有長短，建議先放馬鈴薯及甘筍，隨後再放其他。

葡汁焗時蔬

預算：約 $20　難度：★

葡汁有別於咖喱汁，因為加入了椰漿，
少了辣味增添濃郁，伴蔬菜很配合。

材料 2 人分

鱈魚·············· 1 塊
乾蔥·············· 2 粒（切粒）
辣椒·············· 2 條（切粒）
薑················ 2 片（切粒）
蔥················ 1 棵（切粒）
炸蒜粒············ 2 湯匙

醃料：

鹽················ 適量
白胡椒粉·········· 適量
米酒·············· 1 湯匙

做法

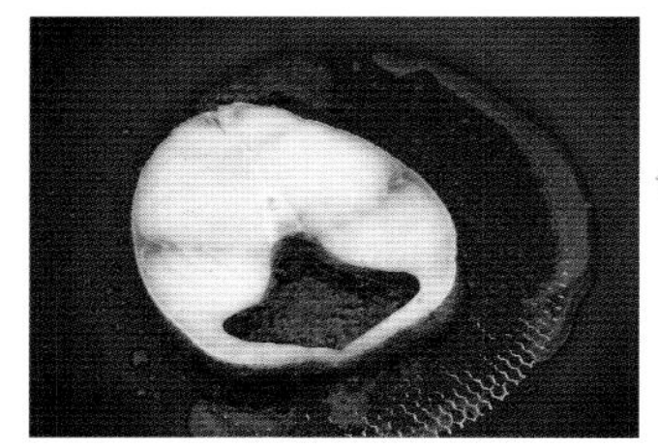

1 洗淨鱈魚，以醃料稍醃。

2 熱鑊下油，放入鱈魚煎熟，盛盤。

3 原鑊爆香乾蔥、辣椒、薑、蔥及炸蒜粒。

4 將做法 3 材料鋪在魚上。

小貼士

- 不用鱈魚，也可用較便宜的比目魚、鯖花魚等代替。
- 超市有現成炸蒜粒售賣。

避風塘鱈魚

 預算：約 $65 難度：★

提到避風塘菜式，多會聯想到炒蟹，
其實用魚代替也可以，
更免除拆殼的麻煩。

材料 2 人分

腸粉⋯⋯⋯⋯⋯⋯⋯⋯⋯ 6-8 條（切段）
芽菜⋯⋯⋯⋯⋯⋯⋯⋯⋯ 150g
蔥⋯⋯⋯⋯⋯⋯⋯⋯⋯⋯ 2 棵（切段）
XO 醬 ⋯⋯⋯⋯⋯⋯⋯⋯ 1 湯匙
甜豉油⋯⋯⋯⋯⋯⋯⋯⋯ 3 茶匙
蠔油⋯⋯⋯⋯⋯⋯⋯⋯⋯ 1 湯匙
鹽⋯⋯⋯⋯⋯⋯⋯⋯⋯⋯ 適量
麻油⋯⋯⋯⋯⋯⋯⋯⋯⋯ 適量

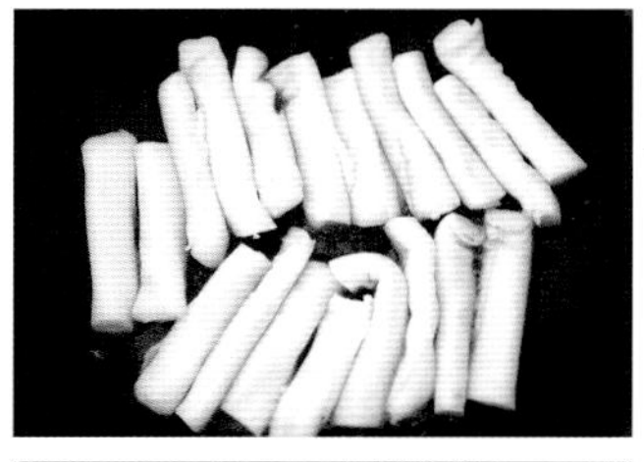

做法

1 熱鑊下油，爆香 XO 醬，放入腸粉炒至略帶金黃。

2 加入甜豉油、蠔油調味。 1 min

3 加入芽菜、蔥段同炒，下鹽及麻油調味。 2 mins

小貼士

- 街市專售粉麵的檔販或部分超市有腸粉供應。
- 如家中沒有甜豉油，可用 2 茶匙生抽 + 1 茶匙老抽代替。

XO 醬炒腸粉

 預算：約 $20  難度：★

近年酒樓多有供應的小吃，
XO 醬香辣，甜豉油芳香，
的確比蒸腸粉有另一種風味，
在家自製也很容易啊。

材料 2 人分

免治豬肉⋯100g
蒜頭⋯⋯⋯2 粒（切粒）
薑⋯⋯⋯⋯2 片（切粒）
豆瓣醬⋯⋯2 茶匙
生抽⋯⋯⋯1/2 湯匙
糖⋯⋯⋯⋯2 茶匙
醋⋯⋯⋯⋯2 茶匙
米酒⋯⋯⋯2 茶匙
水⋯⋯⋯⋯50ml
粟粉水⋯⋯1 湯匙
蔥⋯⋯⋯⋯2 棵（切粒）
腐皮⋯⋯⋯1 大塊（切 4~5 塊）

做法

1 熱鑊下油，放入免治豬肉炒至變色，加入蒜頭及薑炒出香氣。2 mins

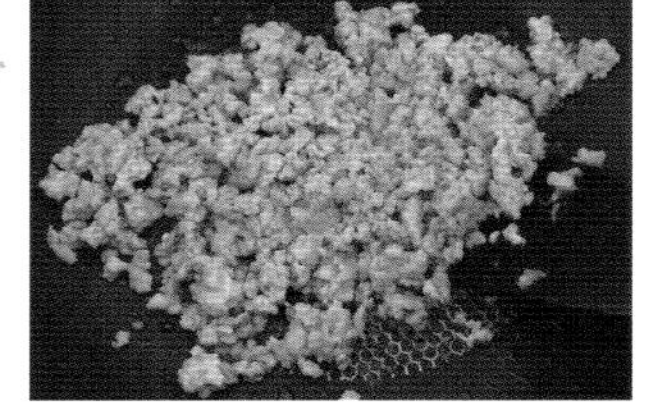

2 加入豆瓣醬炒勻 1 min，下生抽、糖、醋、酒及水稍燜。1 min

3 加入粟粉水勾芡，再放入蔥粒炒勻，盛起放涼。1 min

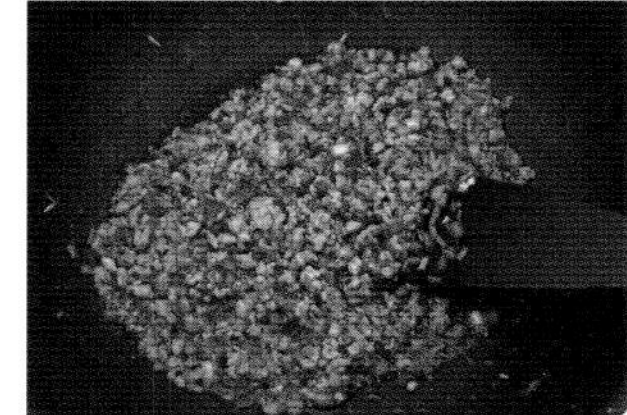

4 在腐皮放上適量肉碎，捲起包好。

5 熱鑊下油，放入腐皮卷煎至兩面金黃。3 mins

小貼士

- 辣肉碎要儘量煮至乾身，若醬汁太多，裹上腐皮時會容易弄穿。
- 腐皮先塗抹少許水，會較容易摺起。
- 想再惹味一點，可佐以喼汁同吃。

辣肉碎腐皮卷

預算：約 $25　難度：★

腐皮卷是酒樓中頗受歡迎點心，
內餡通常是齋菜或蝦仁，
自製可嚐試換換其他餡料，
辣肉碎可為腐皮卷增添惹味。

材料 2 人分

粟粉	150g	水	800ml
椰漿	400ml	糖	400g
淡奶	150ml	粟米	4 湯匙

做法

1 將粟粉、椰漿、淡奶拌勻至無粉粒。

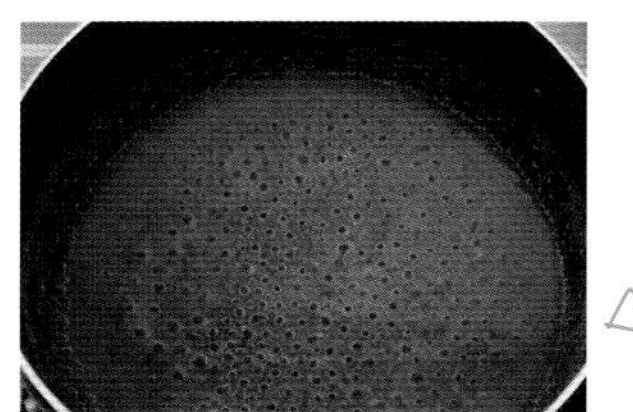

2 把水煮沸，加入糖煮溶。 1 min

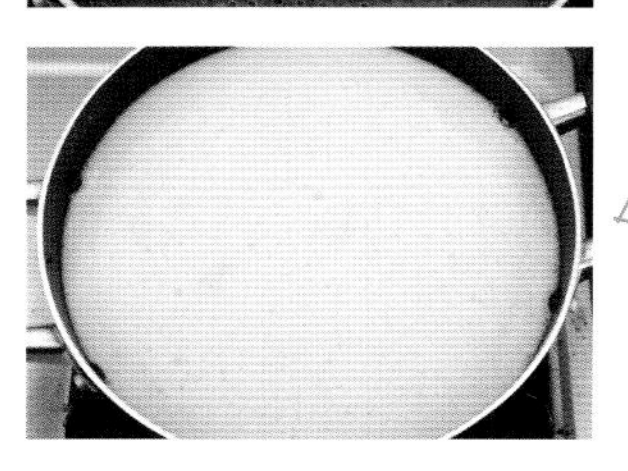

3 將做法 1 材料倒進做法 2 煮至稠身。 5 mins

4 加入粟米拌勻後熄火。

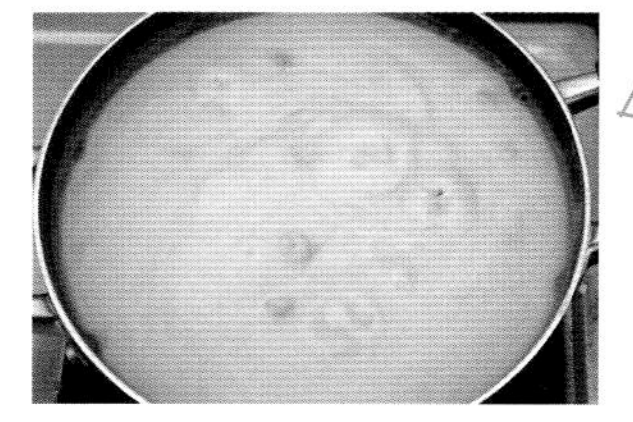

5 將粟米椰漿倒進容器內放涼，再冷藏約 2 小時。 COLD

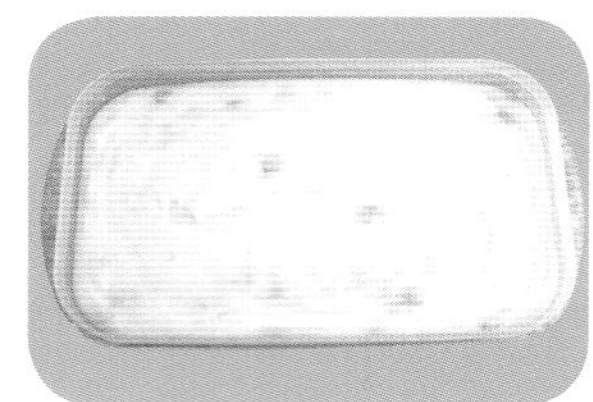

6 取出後切件食用。

小貼士

- 粟米比馬豆方便，因為不用預先煮熟，節省一個步驟。
- 加入粟米煮之前要先瀝乾水分，否則會帶點鹹味，及影響濃稠度。

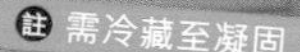

椰汁粟米糕

預算：約 $45　難度：★

椰汁糕是少數中式固體甜品，
味道清香質感滑溜，
可加入紅豆、桂花或馬豆，
用罐頭粟米更為方便。

材料 2 人分

苦瓜……………… 1 條
免治豬肉………… 100g
橄欖菜…………… 2 湯匙
薑………………… 1 片（切粒）
生抽……………… 1/2 湯匙
糖………………… 1 茶匙
鹽………………… 適量
酒………………… 1 茶匙
白胡椒粉………… 適量

做法

1 苦瓜洗淨直切開半，去籽後切條，以鹽稍醃，再擠乾水分。

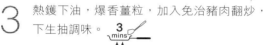

2 免治豬肉以鹽、酒及白胡椒稍醃。

3 熱鑊下油，爆香薑粒，加入免治豬肉翻炒，下生抽調味。3 mins

4 加入欖菜及苦瓜同炒。3 mins

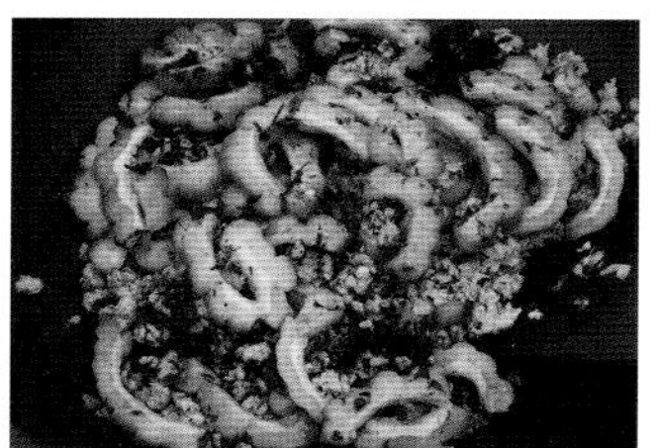

5 下糖及鹽略炒。1 min

小貼士

- 選長身的苦瓜較短身的清甜，苦味也不重。
- 欖菜油分較多，要儘量隔走才下鑊炒。

欖菜肉碎炒苦瓜

 預算：約 $25  難度：★

很多人怕苦瓜的甘苦味，
其實現在的苦瓜已不太苦，
再加入鹹香的欖菜同炒，
也可變成開胃菜式。

材料 1 人分

熟米飯……1 碗
雞蛋………1 隻（發打）
火腿………1 片（切粒）
紅燈籠椒…1/4 個（切粒）
黃燈籠椒…1/4 個（切粒）
青瓜………1/4 條（切粒）
鹽…………適量
老抽………1 茶匙
蠔油………1 茶匙
酒…………1 茶匙
糖…………1/2 茶匙
白胡椒粉…適量

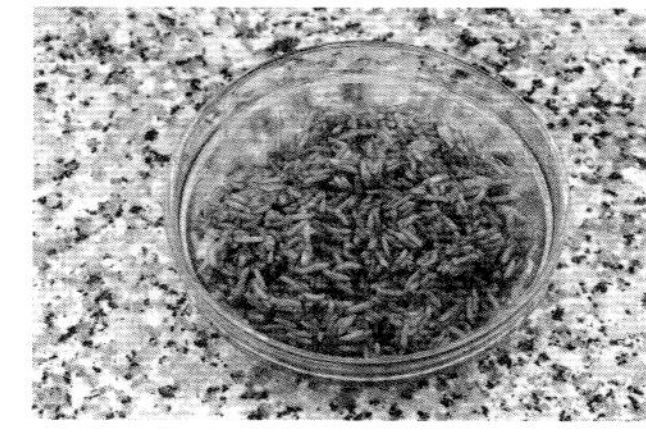

做法

1 米飯加入老抽、蠔油及酒拌勻。

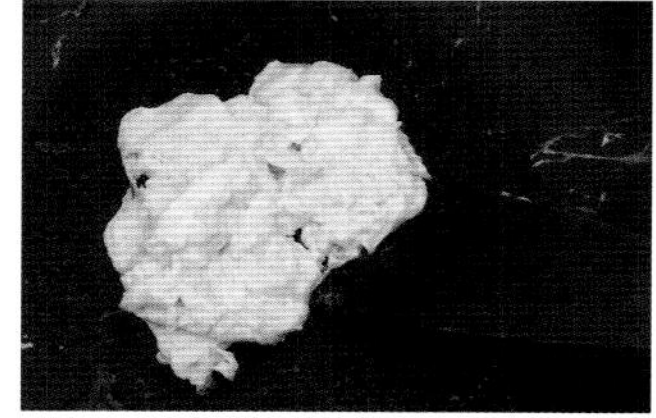

2 熱鑊下油，倒入蛋液炒成蛋碎後盛起備用。

3 熱鑊下油，放入火腿及米飯同炒，下鹽調味。
2 mins

4 加入燈籠椒、青瓜及雞蛋炒勻，下糖及胡椒粉調味。

小貼士

用老抽只取其色，鹹度低，要下鹽調味。

豉油王炒飯

預算：約 $5　難度：★

豉油王炒麵是尋常不過的食物，
當換成炒飯頓時會有新鮮感，
加入雞蛋、火腿及雜菜同炒，
色彩豐富兼價廉味美。

材料 2 人分

排骨………… 300g
麵粉………… 適量
醃料：
蒜頭………… 2 粒（切粒）
生抽………… 2 湯匙
米酒………… 2 湯匙
白胡椒粉…… 適量

醬汁：
柚子醬……… 4 湯匙
檸檬汁……… 1/2 個
水…………… 3 湯匙

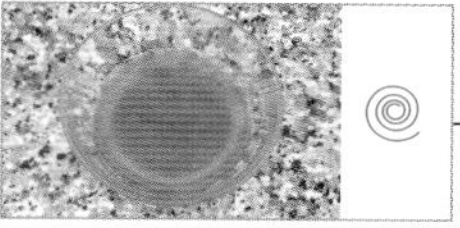

做法

1 排骨洗淨後用醃料稍醃。

2 將排骨沾上薄薄麵粉。

3 熱鑊下油，放入排骨煎至金黃，盛起瀝油備用。

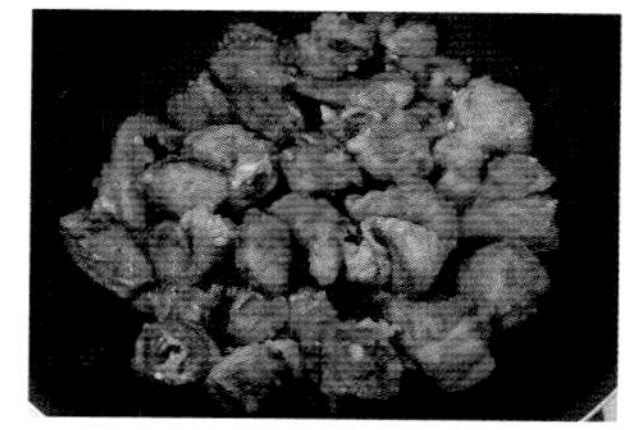

4 熱鑊，倒入醬汁略煮，放入排骨煮至入味。

小貼士

市面的樽裝柚子醬普遍都很大，怕用不完的話可選獨立袋裝沖劑。

5 mins
3 mins
柚子排骨
預算：約 $35
難度：★

排骨做法甚多，
煎炒煮炸甚至放湯也行，
口味更是千變萬化，
配柚子醬味道較清新。

材料 2 人分

馬鈴薯…………………… 1/2 個
本菇…………………… 1 包
鮮冬菇…………………… 4 個（切粒）
白蘑菇…………………… 3 個（切片）
煙肉…………………… 1 片（切粒）
蒜頭…………………… 2 粒（切粒）
鹽…………………… 適量
白胡椒粉…………………… 適量
牛油…………………… 10g
香草碎…………………… 1 茶匙

做法

1 馬鈴薯去皮切粒，泡水後瀝乾。

2 熱鑊下油，放入薯粒炒至軟身，下鹽及胡椒粉調味，盛起備用。5 mins

3 熱鑊下油，爆香蒜粒，加入雜菌及煙肉同炒，下鹽及胡椒粉調味。2 mins

4 將薯粒回鑊，加入牛油及香草碎炒勻。2 mins

小貼士

- 馬鈴薯泡水可去除多餘澱粉質，質感較爽。
- 如喜歡軟腍的馬鈴薯，可先放進沸水煮腍，然後才炒。

煙肉雜菌炒薯粒

預算：約 $25　難度：★

馬鈴薯是百變食材，
可炸可熬湯可做沙律，
做小炒也很不錯，
味道和口感都很清爽。

材料 2 人分

蠔⋯⋯⋯⋯⋯⋯200g
泡菜⋯⋯⋯⋯⋯100g（切小塊）
粟粉⋯⋯⋯⋯⋯適量
生抽⋯⋯⋯⋯⋯1/2 茶匙
蔥⋯⋯⋯⋯⋯⋯1/2 棵（切粒）

做法

1 蠔以粟粉擦洗，再沖水洗淨瀝乾。

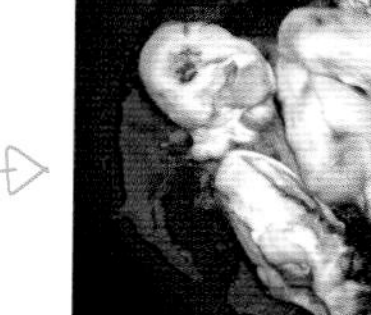

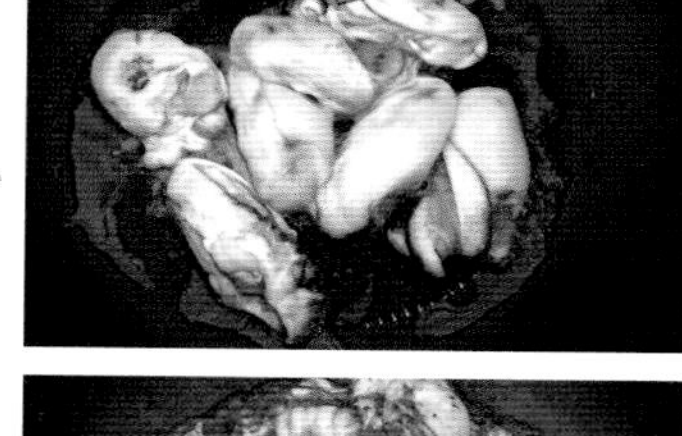

2 熱鑊下油，放入蠔略炒。

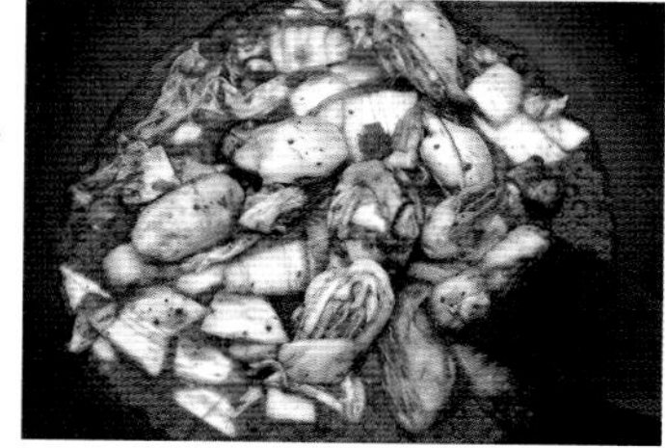

3 加入泡菜及生抽同炒。

4 盛盤後灑上蔥粒。

小貼士

蠔容易藏納污垢，買回來必須沖洗乾淨。

泡菜炒蠔

 預算：約 $45  難度：★

泡菜不一定要配豬肉，

其酸辣也可帶出海鮮鮮味，

蠔以外也可試試蝦、魷魚等。

材料 2 人分

雞扒…………2 塊（切塊）	**調味料：**
蒜頭…………5 粒	生抽…………4 湯匙
青燈籠椒……1 個（切塊）	冰糖…………1 粒
醃料：	啤酒…………1/2 罐
生抽…………2 湯匙	
酒……………1 湯匙	

做法

1 雞塊以醃料稍醃。

2 蒜頭去皮原粒稍拍。

3 熱鑊下油，放入蒜頭煎至金黃。 3 mins

4 放入雞塊煎至轉色。 3 mins

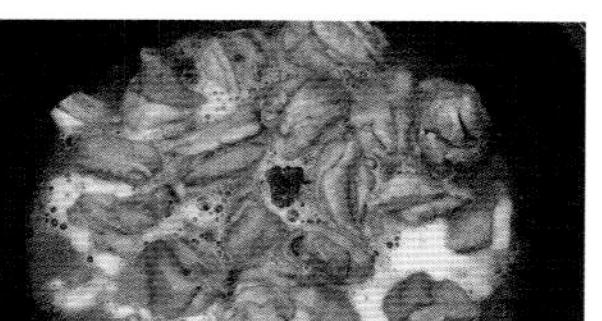

5 加入生抽及冰糖拌炒，倒入啤酒同煮。 2 mins → 13 mins

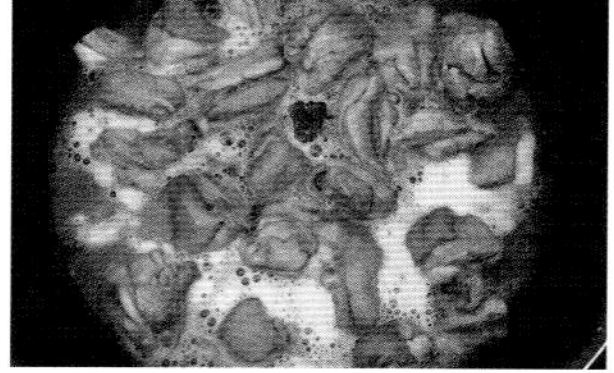

6 湯汁轉濃稠後，加入青椒略煮。 2 mins

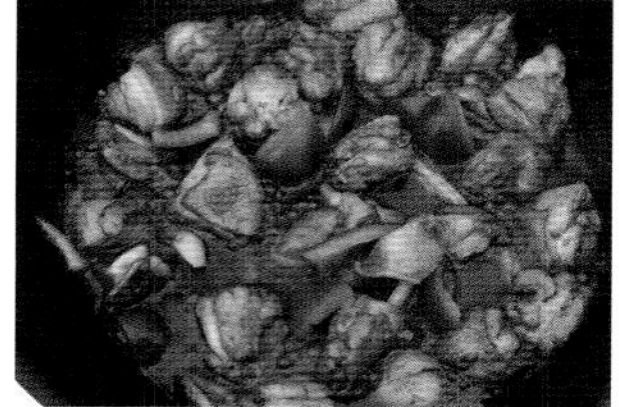

小貼士

冰糖可增添一點甜味，也可令菜式更有光澤。

啤酒煮雞

 預算：約 $30  難度：★

用啤酒入饌愈趨普遍，
它跟雞是很好的拍檔，
燉煮過後雞肉帶淡淡酒香，
是男士們都會喜歡的菜式。

材料 1 人分

熟米飯⋯⋯⋯⋯⋯1 碗
雞蛋⋯⋯⋯⋯⋯⋯1 隻（發打）
葱⋯⋯⋯⋯⋯⋯⋯1/2 棵（切粒）
鹽⋯⋯⋯⋯⋯⋯⋯適量
黑芝麻⋯⋯⋯⋯⋯適量

做法

1 蛋液加鹽發勻。

2 熟米飯加葱粒拌勻。

3 將蛋液倒進米飯拌勻。保留少許蛋液備用。

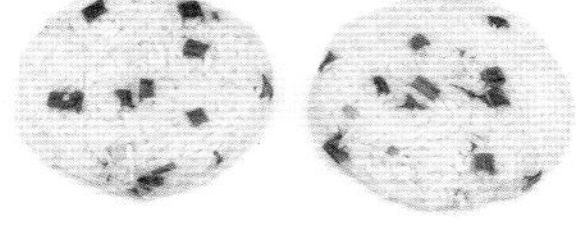

4 將米飯分成兩份，並壓成圓形塊狀。用保鮮紙包好放進雪櫃冷藏。COLD

5 取出飯餅，在表面塗上蛋液。

6 熱鑊下油，放入飯餅煎至兩面金黃色，再撒上芝麻。3 mins

小貼士

- 將飯餅放進雪櫃冷藏，有助定型。
- 早上來不及冷藏飯餅，可於前一晚準備，早上只需取出來煎便可。

黃金飯餅

預算：約 $2  難度：★

晚上吃剩飯不用倒掉，
翌早加蛋、蔥粒煎成焦香飯餅，
就是簡單且美味的早餐。

材料 2 人分

雲耳………50g
雪耳………50g
青瓜………1 條（滾刀切塊）
甘筍………1/2 條（切片）

醬汁：

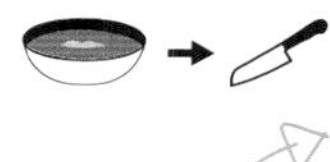

薑…………2 片（切粒）
蒜頭………2 粒（切粒）
蠔油………1 湯匙
生抽………2 湯匙
醋…………1 湯匙
糖…………1 茶匙
麻油………適量

做法

1 將雲耳及雪耳泡軟後切塊。

2 將雲耳、雪耳及甘筍放進沸水淥熟，撈起瀝乾。5 mins

3 青瓜用刀背拍鬆。

4 將食材加入醬汁拌勻。

小貼士

- 拍過的青瓜會更鬆化，更易入味。不過不用太大力，只要拍至裂開便可。
- 將菜式雪凍才進食更滋味。

涼拌雙耳

預算：約 $10  難度：★

雲耳和雪耳是齋菜常客，
這次不用傳統做法，
改以涼拌方式演繹，
微酸口味感覺清爽，
最宜炎夏享用。

咖喱焗雞翼

20 mins

預算：約 $20　難度：★

雞翼做法有煎的炸的煮的，也可用焗的方法，乾身之餘不太油膩，只要醃得夠味便可。

材料 2 人分

雞翼………8 隻
咖喱粉……適量
七味粉……適量
醃料：
生抽………1 湯匙
米酒………1/2 湯匙
糖…………1/2 湯匙
蒜頭………1 粒（切粒）
咖喱粉……1/2 湯匙

做法

1 雞翼加入醃料醃。

2　焗爐以 200 度預熱，放入雞翼烤熟。20 mins

3　端出後撒上咖喱粉及七味粉。

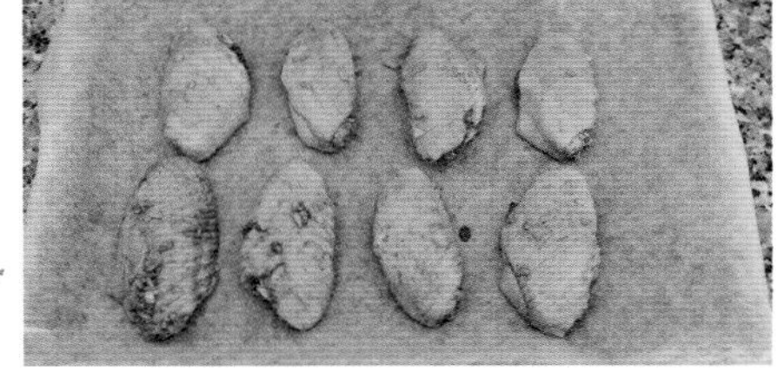

想雞翼更入味，可先在雞翼劃幾刀，才加入醃料。

材料 2 人分

蝦仁……… 100g（切粒）
甘筍……… 1/4 條（切細粒）
絲瓜……… 1/2 條（去皮切粒）
水………… 2 飯碗
豆腐……… 1 盒（切粒）
粟粉水…… 適量
鹽………… 適量
白胡椒粉… 適量
麻油……… 適量

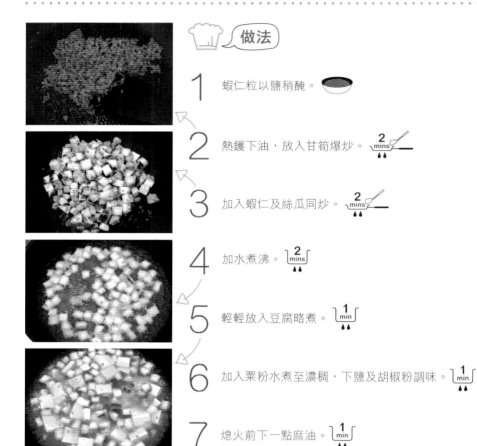

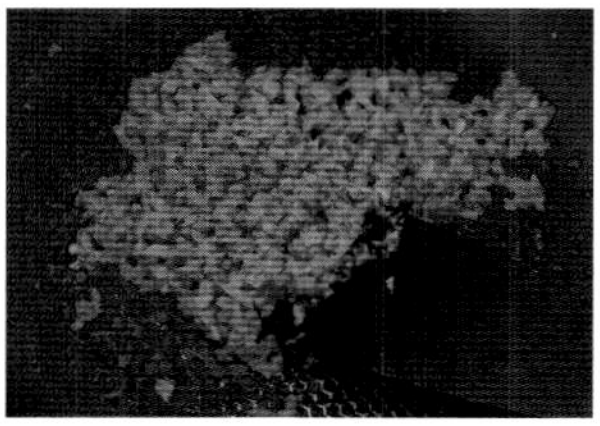

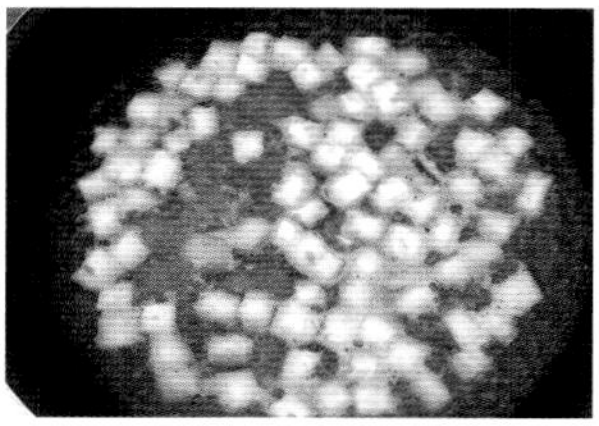

做法

1 蝦仁粒以鹽稍醃。

2 熱鑊下油，放入甘筍爆炒。2 mins

3 加入蝦仁及絲瓜同炒。2 mins

4 加水煮沸。2 mins

5 輕輕放入豆腐略煮。1 min

6 加入粟粉水煮至濃稠，下鹽及胡椒粉調味。1 min

7 熄火前下一點麻油。1 min

小貼士

- 甘筍要儘量切細，煮過後效果猶如蟹粉，令湯羹頓時變得高檔。
- 粟粉水分量要按湯的濃稠度調節，喜歡稠一點的可加多點粟粉水。

蝦仁絲瓜豆腐羹

預算：約 $30　難度：★

羹比湯濃稠及飽肚，
通常以粟米及豆腐入饌，
若配絲瓜可多份鮮甜味，
加入蝦仁就增加清爽口感。

材料 2 人分

急凍雜錦海鮮……300g
三色蔬菜…………50g
洋蔥………………1/4 個（切粒）
白酒………………100ml
牛油………………10g
檸檬汁……………1 茶匙
鹽…………………適量
白胡椒粉…………適量

做法

1 熱鑊下油，爆香洋蔥，放入海鮮及蔬菜翻炒。 3 mins

2 倒入白酒後加蓋焗煮。 6 mins

3 加入牛油、檸檬汁、鹽及胡椒粉拌勻。 1 min

小貼士

雜錦海鮮及三色蔬菜無需解凍，用水沖洗一下已可。

白酒煮雜錦海鮮

預算：約 $30  難度：★

海鮮配白酒是天作之合，
用白酒煮海鮮同樣可帶出鮮味，
選用急凍雜錦海鮮非常方便，
眨眼就能煮出高檔菜式。

材料 2 人分

雞鎚……………………6 隻
話梅……………………6 粒
水………………………1 飯碗
蒜頭……………………3 粒（切片）
薑………………………5 片

調味料：

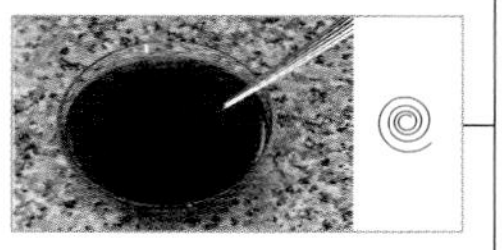

生抽……………………2.5 湯匙
糖………………………1 湯匙
米酒……………………2 湯匙
喼汁……………………1 湯匙
水………………………150ml

做法

1 雞鎚洗淨後用廚房紙抹乾。話梅用水浸泡。

2 熱鑊下油，放入雞鎚煎至金黃。 5 mins

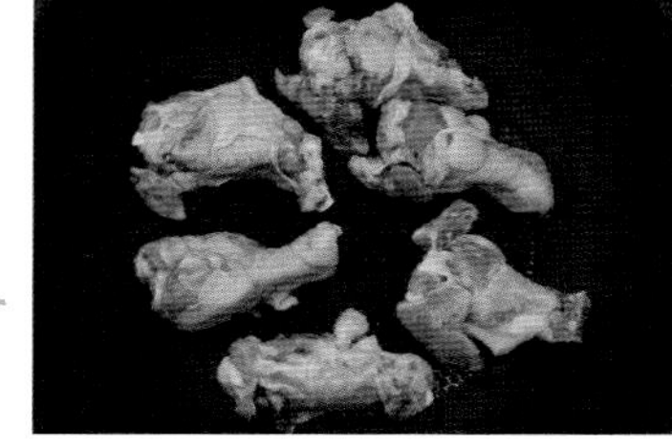

3 將雞鎚撥到一旁，放入蒜片、薑片爆香。 1 min

4 加入調味料、話梅及話梅水煮沸。 2 mins

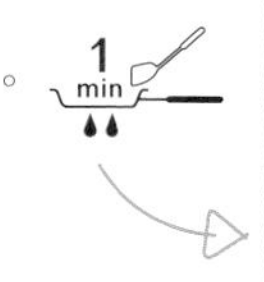

5 加蓋燜煮至醬汁轉濃稠。 15 mins

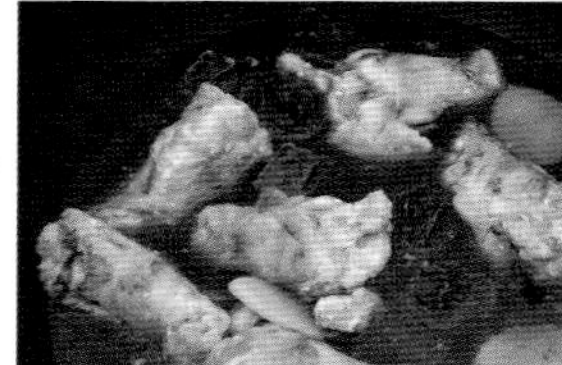

小貼士

- 想浸泡話梅時加快出味，可不時捏壓話梅肉。
- 雞鎚選用細小的比較易入味。

梅汁煮雞鎚

預算：約 $30  難度：★

話梅酸中帶甜，是燜煮菜式的好拍檔，
除了豬手和排骨，
也可嘗試用來煮雞鎚。

材料 2 人分

米……………………… 1 杯
昆布……………………… 1 塊
栗子……………………… 8 粒
冬菇……………………… 3 個（切片）
水……………………… 1 杯
酒……………………… 1 湯匙
日式醬油……………………… 1 湯匙
味醂……………………… 1 湯匙

做法

1 將米、昆布、栗子清洗後，全部放進電飯煲中，加水浸泡 10 分鐘。

2 將醬油、酒、味醂混合，倒進電飯煲。

3 加入冬菇，按下煮飯鍵。30 mins

4 煮飯程序完成後，取出昆布，將飯拌勻，盛到碗中。

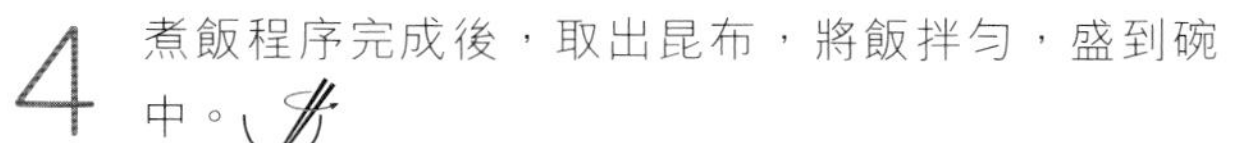

小貼士

超市有已去殼栗子出售，非常方便。

昆布比較硬，故只取其香味，煮好飯後要拿走。

栗子香菇飯

預算：約 $25　難度：★

秋天是栗子當造季節，
除了即食、燜雞、做蛋糕，
日本人也愛用栗子煮飯，
加上其他配料及調味，
不用餸菜也可將飯掃光。

材料 2 人分

梅菜⋯⋯⋯小棵（約 50g）
免治豬肉⋯200g
洋蔥⋯⋯⋯1/4 個（切粒）
薑⋯⋯⋯⋯2 片（磨蓉）
五香粉⋯⋯適量
白胡椒粉⋯適量
生抽⋯⋯⋯1/2 湯匙
糖⋯⋯⋯⋯1/3 茶匙
麻油⋯⋯⋯適量
粟粉⋯⋯⋯1/2 茶匙
水⋯⋯⋯⋯1 茶匙

醬料：

蒜頭⋯⋯⋯2 粒（切粒）
生抽⋯⋯⋯1 湯匙
味醂⋯⋯⋯1 湯匙
水⋯⋯⋯⋯2 湯匙

做法

1 梅菜洗淨浸泡後切粒。

2 將生抽、糖、麻油、粟粉及水混合。

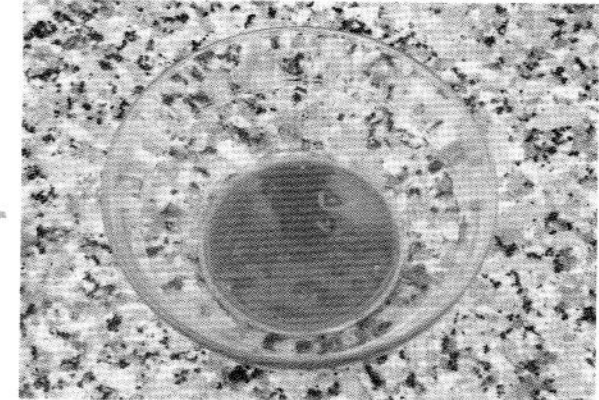

3 免治豬肉加入洋蔥、薑蓉、五香粉、胡椒粉拌勻。

4 加入做法 2 醬汁及梅菜拌勻。

5 取適量肉餡壓成一個個餅狀。

6 熱鑊下油，放入肉餅煎熟，盛起。 5 mins

7 熱鑊下油，爆香蒜粒，加入生抽、味醂及水煮沸，淋在肉餅上。 1 min

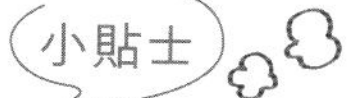

- 梅菜因內藏沙粒及味鹹，最少要浸泡 1 小時。
- 在肉餡加入洋蔥不僅添上香味，還增加一點水分，用煎的方法也不會令肉餅乾身。

梅菜煎肉餅

預算：約 $30　難度：★

梅菜蒸肉餅是尋常不過家庭菜式，
我比較喜歡香口的煎肉餅，
於是將兩者結合，
令梅菜肉餅有煥然一新的感覺。

泰式涼拌雞絲

 預算：約 $20

 難度：★

泰國涼拌菜式向來受歡迎，帶點酸辣的確惹味，
加入蔬菜增添清爽感，不用雞絲也可用魷魚、青木瓜等。

材料 2 人分

- 雞胸肉…………… 1 塊
- 車厘茄…………… 6 粒（切半）
- 青瓜……………… 1/2 條（切絲）
- 洋蔥……………… 1/2 個（切絲）
- 泰式甜辣醬……… 適量

做法

1 將雞肉放進沸水煮熟，撈起放涼後撕成絲。10 mins

2 將所有材料拌勻。

小貼士

泰式甜辣醬一般超市有售，味道帶甜，辣度只屬低級。

芝腿西多

 預算：約 $5

 難度：★

現時坊間的西多士已不甘平凡，多會加入奶黃、紅豆等甜味餡料，
其實搭配鹹味食材也合適，總之隨自己喜歡便可。

材料 1 人分

去邊麵包…………………… 2 片
火腿…………………………… 2 片
芝士…………………………… 1 片
雞蛋…………………………… 1 隻（發打）
牛油…………………………… 10g

做法

1 在一片麵包按次序鋪上火腿、芝士及火腿。

2 蓋上另一片麵包。

3 將做法 2 吐司沾滿蛋液。

4 下牛油熱鑊，放入吐司，煎至兩面金黃及芝士呈半溶。3 mins

小貼士

以鹹牛肉作餡也有不俗效果。

材料 2 人分

雞扒⋯⋯⋯⋯⋯⋯⋯⋯ 1 塊（切塊）
菠蘿⋯⋯⋯⋯⋯⋯⋯⋯ 1 小罐（切塊）
蒜頭⋯⋯⋯⋯⋯⋯⋯⋯ 1 粒（切粒）

調味料：

生抽⋯⋯⋯⋯⋯⋯⋯⋯ 1.5 湯匙
咖喱粉⋯⋯⋯⋯⋯⋯⋯ 2 茶匙
糖⋯⋯⋯⋯⋯⋯⋯⋯⋯ 1 茶匙

做法

1 雞肉加入調味料及蒜頭稍醃。

2 將菠蘿也加入雞肉中略醃。

3 將雞肉及菠蘿串上竹籤，排在焗盤上。

4 焗爐以 200 度預熱，放入焗盤烤熟。15 mins

小貼士

- 竹籤先泡水才放進焗爐，可避免烤焦。
- 焗烤途中，取出菠蘿雞肉串翻轉，受熱更平均。
- 沒有焗爐，也可放在鑊中煎熟。

咖喱雞肉菠蘿串

預算：約 $15  難度：★

夏天胃口不佳，
最好弄些開胃菜，
咖喱雞肉 + 菠蘿是好選擇，
串燒可以作下酒菜，
伴飯同吃也一流。

材料 2人分

飛排	300g	紹興酒	1茶匙
生抽	1湯匙	鹽	適量
粟粉	1茶匙	糖	1茶匙
蒜頭	2粒（切粒）	白胡椒粉	適量
茄汁	2湯匙	水	100ml

做法

1 飛排洗淨後加入生抽及粟粉稍醃。

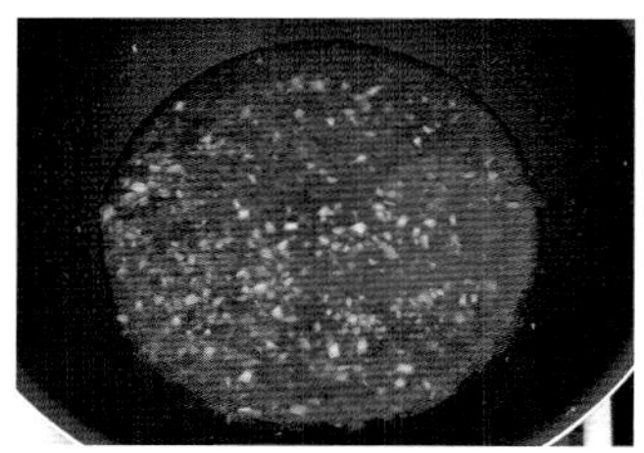

2 熱鑊下油，放入飛排煎至金黃色，盛起備用。5 mins

3 同鑊剩下一點油，爆香蒜蓉，加入茄汁、紹興酒、鹽、糖、胡椒粉及水煮沸。2 mins

4 放入飛排，煮至醬汁轉濃稠。8 mins

小貼士

- 飛排肉質較軟腍，但買不到的話也可用普通排骨代替。
- 水不宜下太多，不僅令味道變淡，煮的時間亦長。

茄汁排骨

預算：約 $30

難度：★

排骨煮法千變萬化，
紅燒、燜、蒸、放湯均可，
亦可嘗試用茄汁煮，
酸酸甜甜很好佐飯。

材料 2 人分

免治豬肉………………… 300g
本菇……………………… 1 包
日式烤肉汁……………… 3 湯匙
鹽………………………… 適量
白胡椒粉………………… 適量

醃料：

鹽………………………… 適量
白胡椒粉………………… 適量
酒………………………… 2 湯匙
粟粉……………………… 2 湯匙

做法

1 免治豬肉加入醃料稍醃 ，再分成一個個一口大小肉餅。

2 熱鑊下油，放入肉餅煎熟。5 mins

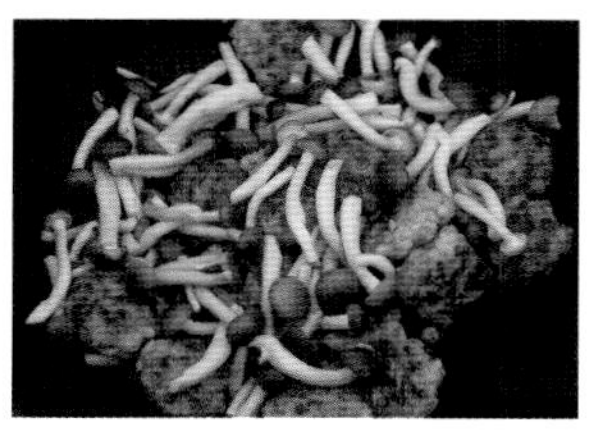

3 加入本菇同炒至軟身。2 mins

4 加烤肉汁、鹽及胡椒粉調味。3 mins

小貼士

市販的烤肉汁有甘口（甜）及辛口（辣）選擇，可按喜好選取。

燒汁本菇炒肉餅

 預算：約 $20　難度：★

中式肉餅多以蒸或煎為主，
這個日式做法也是先煎，
但再搭配本菇及烤肉汁同炒，
無論味道及口感也更昇華。

材料 2 人分

糯米………2 杯
水…………350ml
冬菇………3 粒
雞柳………1 塊（切絲）
杞子………適量
蔥…………1 棵（切粒）
麻油………1 茶匙

醃料：
生抽………1 湯匙
味醂………1 茶匙
酒…………1 茶匙
鹽…………適量
白胡椒粉…適量

調味料：
生抽………2 湯匙
味醂………1 茶匙
雞粉………1 茶匙

做法

1 糯米洗淨後，加水浸泡最少 1 小時。

2 冬菇浸泡後切絲。

3 雞絲加入醃料稍醃。

4 將調味料倒進浸泡中的糯米，鋪上冬菇、雞絲及杞子。

5 蓋上保鮮紙，放進微波爐加熱。8 mins

6 取出後將飯料拌勻，再放進微波爐加熱。6 mins

7 取出後加蔥粒及麻油拌勻，再蓋上保鮮紙焗 1 分鐘。

小貼士

- 糯米不易消化，不宜多吃，而且浸泡時間長一點較好。
- 用微波爐加熱，最好用特製的微波爐保鮮紙，不易融化。

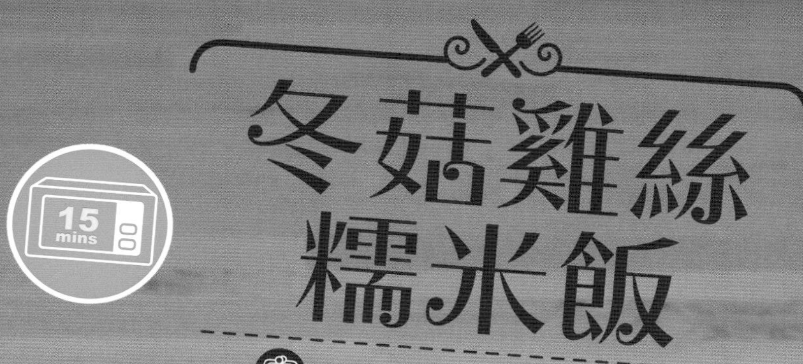

15 mins

冬天特別想吃糯米飯，
臘味糯米飯好吃但稍嫌肥膩，
用冬菇雞絲杞子比較健康清爽，
以微波爐叮熟更為快捷方便。

材料 1 人分

牛扒………… 300g
牛油………… 10g
蒜頭………… 2 粒（切粒）
洋蔥………… 1/4 個（切粒）
蘑菇………… 5 個（切片）
黑松露醬…… 1 湯匙
水…………… 100ml
檸檬汁……… 數滴
黑胡椒粉…… 適量
鹽…………… 適量
糖…………… 適量

醃料：

鹽…………… 適量
黑胡椒……… 適量

做法

1 牛扒兩面以鹽及黑胡椒稍醃。

2 熱鑊下油，放入牛扒煎至喜歡的熟度，盛盤。

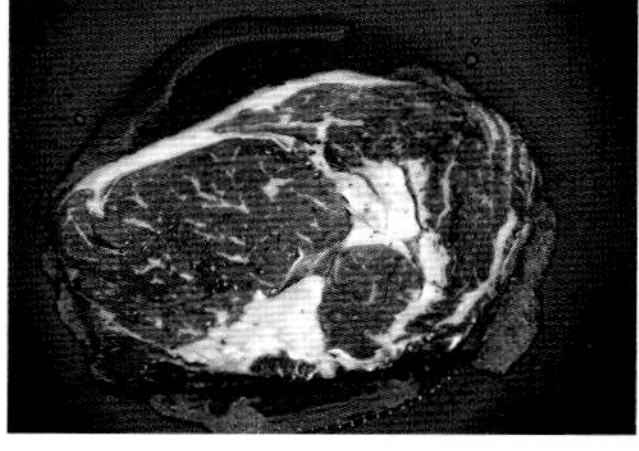

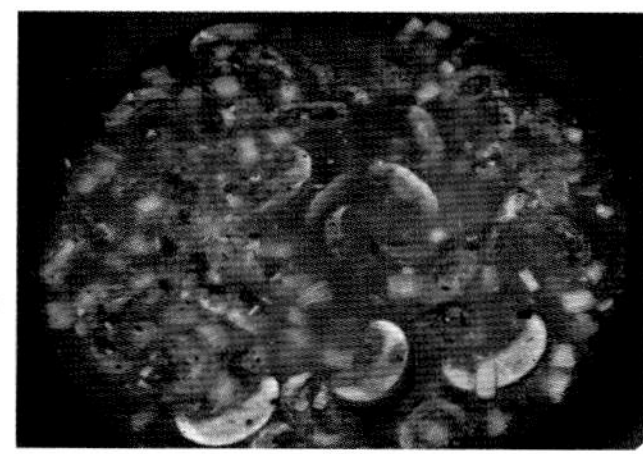

3 熱鑊下牛油煮溶，爆香蒜頭及洋蔥，加入蘑菇炒軟，再加黑松露醬、檸檬汁及水煮沸。3 mins

4 下黑胡椒、鹽、糖，煮至醬汁濃稠。3 mins

5 將醬汁淋在牛扒上。

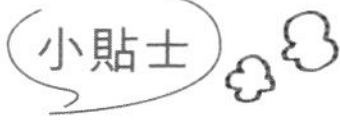

煎牛扒宜先以大火將表面煎封，鎖住肉汁，然後才轉中小火煎至喜歡熟度。

牛扒配 黑松露蘑菇醬

預算：約 $70  難度：★

發了薪金不妨犒賞一下自己，
買一塊靚牛扒回家。
簡單只以鹽及黑胡椒調味已可，
配黑松露蘑菇醬就更香氣四溢。

材料 2 人分

三文魚⋯⋯⋯250g（切塊）
蘑菇⋯⋯⋯⋯2 個（切 4 份）
荷蘭豆⋯⋯⋯50g
薑⋯⋯⋯⋯⋯2 片（切粒）
蒜頭⋯⋯⋯⋯2 粒（切粒）
洋蔥⋯⋯⋯⋯1/4 個（切粒）
紅燈籠椒⋯⋯1/2 個（切塊）
雞蛋⋯⋯⋯⋯1 隻（發打）
粟粉⋯⋯⋯⋯適量

調味料：
日式醬油⋯⋯3 湯匙
味醂⋯⋯⋯⋯3 湯匙
酒⋯⋯⋯⋯⋯2 湯匙
水⋯⋯⋯⋯⋯1 湯匙

做法

1 荷蘭豆摘去兩條粗絲後放進沸水略灼 2 mins，撈起瀝乾備用。

2 將三文魚均勻沾上蛋液，再撲上粟粉。

3 熱鑊下油，放入三文魚煎至金黃，盛起備用。5 mins

4 熱鑊下油，爆香薑、蒜頭及洋蔥，放入蘑菇及荷蘭豆略炒。2 mins

5 放入三文魚及調味料煨煮。3 mins

6 加入燈籠椒略炒。1 min

小貼士

三文魚撲上薄薄粟粉才煎，可令表皮更香脆。

照燒雜菜三文魚

預算：約 $50  難度：★

三文魚充滿魚油甘香，
不論生吃熟食都不乏捧場客。
將三文魚煎得金黃香脆，
配合濃郁的照燒汁，
大人小朋友都喜愛。

材料 2 人分

雞扒⋯⋯⋯⋯⋯⋯ 1 塊（去皮切條）
蒜頭⋯⋯⋯⋯⋯⋯ 2 粒（切粒）
辣椒⋯⋯⋯⋯⋯⋯ 1 條（切絲）
白芝麻⋯⋯⋯⋯⋯ 適量

醃料：

生抽⋯⋯⋯⋯⋯⋯ 1 湯匙
粟粉⋯⋯⋯⋯⋯⋯ 適量

調味料：

生抽⋯⋯⋯⋯⋯⋯ 1 茶匙
酒⋯⋯⋯⋯⋯⋯⋯ 1/2 湯匙
糖⋯⋯⋯⋯⋯⋯⋯ 1/2 湯匙
水⋯⋯⋯⋯⋯⋯⋯ 2 湯匙

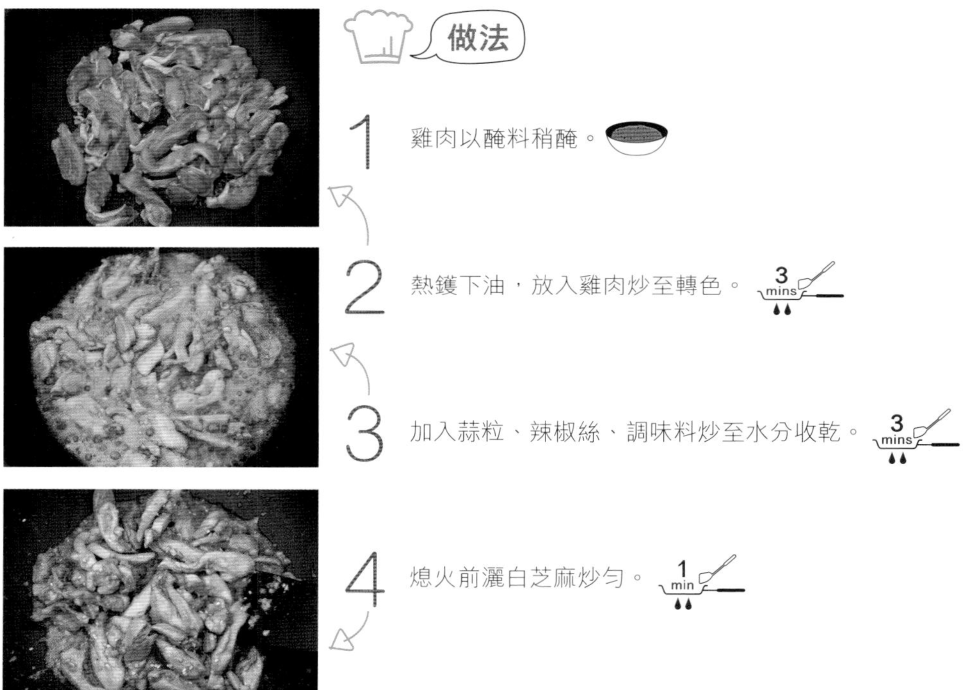

做法

1 雞肉以醃料稍醃。

2 熱鑊下油，放入雞肉炒至轉色。 3 mins

3 加入蒜粒、辣椒絲、調味料炒至水分收乾。 3 mins

4 熄火前灑白芝麻炒勻。 1 min

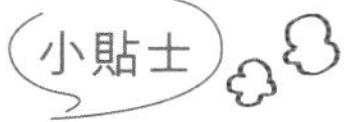

小貼士

想多點食味，可加西芹、青瓜、青椒、菠蘿等同炒。

蒜香雞柳

 預算：約 $10  難度：★

我很喜歡吃雞扒，
因為處理容易吃得也方便，
可以原塊煎香再配醬汁，
或者切塊切條跟配料同炒，
簡單醃味加蒜粒已很好吃。

材料 2 人分

蝦⋯⋯⋯⋯⋯⋯⋯⋯⋯⋯ 10 隻
粟粉⋯⋯⋯⋯⋯⋯⋯⋯⋯ 適量
鹽⋯⋯⋯⋯⋯⋯⋯⋯⋯⋯ 適量
薑⋯⋯⋯⋯⋯⋯⋯⋯⋯⋯ 1 片（切粒）
雞蛋⋯⋯⋯⋯⋯⋯⋯⋯⋯ 2 隻（發打）

醬汁：

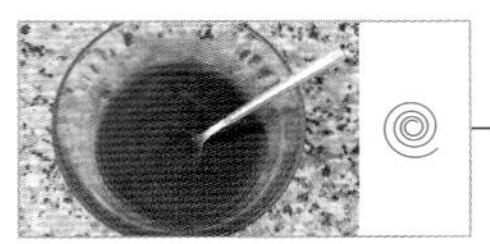

茄汁⋯⋯⋯⋯⋯⋯⋯⋯⋯ 2 湯匙
豆瓣醬⋯⋯⋯⋯⋯⋯⋯⋯ 1 茶匙
生抽⋯⋯⋯⋯⋯⋯⋯⋯⋯ 1 茶匙
白胡椒粉⋯⋯⋯⋯⋯⋯⋯ 適量
酒⋯⋯⋯⋯⋯⋯⋯⋯⋯⋯ 1 湯匙

做法

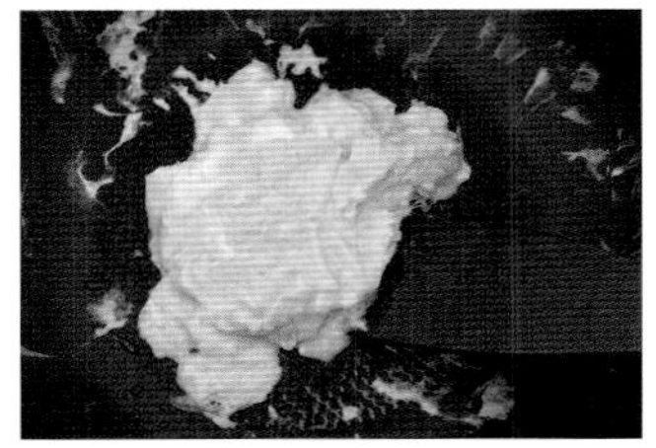

1 蝦去腸洗淨後瀝乾，撲上鹽及粟粉。

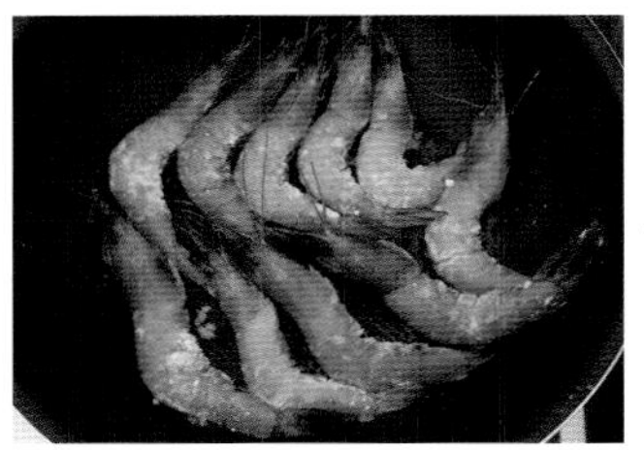

2 熱鑊下油，倒入蛋液快炒至剛凝固，盛起備用。

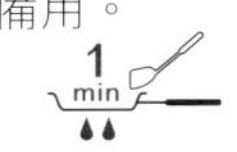

3 熱鑊下油，爆香薑粒，放入蝦煎至轉色。

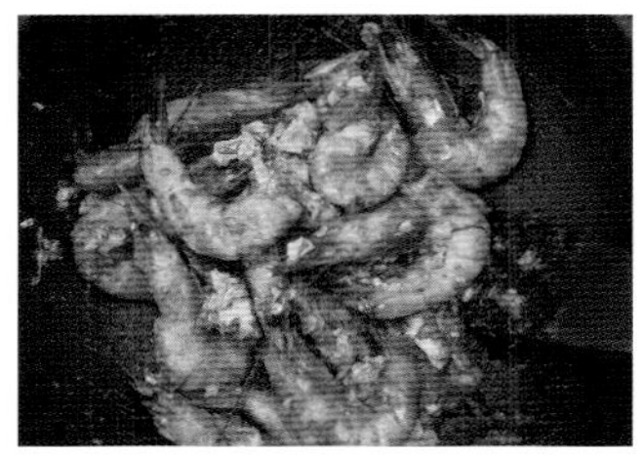

4 加入醬汁及炒蛋炒勻。 2 mins

小貼士

嗜辣的朋友可酌量再加點豆瓣醬。

茄汁蛋炒蝦

預算：約 $40  難度：★

茄汁蝦碌大家有吃過吧？
酸酸甜甜的確開胃，
加少許豆瓣醬可添刺激辣味，
配蛋同炒更能吸收醬汁精華。

材料 2 人分

烏冬…………… 2 個
薑……………… 1/2 片（切粒）
芽菜…………… 50g
長蔥…………… 1 條（斜切片）
火腿…………… 2-3 片（切條）
酒……………… 1 湯匙
生抽…………… 1 湯匙
XO 醬 ………… 1 湯匙

做法

1 熱鑊下油，爆香薑粒，放入芽菜、長蔥及火腿同炒。2 mins

2 加入烏冬及酒同炒。2 mins

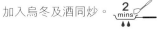

3 下生抽及 XO 醬調味。2 mins

小貼士

- 部分烏冬製作時因加入酸味劑代替防腐劑，故進食烏冬時或帶少許酸味，這是正常現象。炒烏冬前先略為灼煮，可稍微減輕酸味。此外煮過的烏冬已弄散，下鑊炒時亦較方便。
- 烏冬粗身較難入味，可邊炒邊試味再加添豉油及 XO 醬。

XO 醬炒烏冬

預算：約 $20 難度：★

超市有多款炒烏冬品牌，
大多已附調味粉非常方便，
想自己弄個特色炒烏冬，
不妨自行調味及選配料，
XO 醬帶微辣非常適合。

材料 2 人分

豬肉……………… 150g（切絲）
豆乾……………… 4 塊（切條）
冰糖……………… 1 粒
生抽……………… 1 湯匙
豆瓣醬…………… 1 湯匙
酒………………… 1 湯匙
水………………… 50ml
蔥………………… 2 棵（切段）

做法

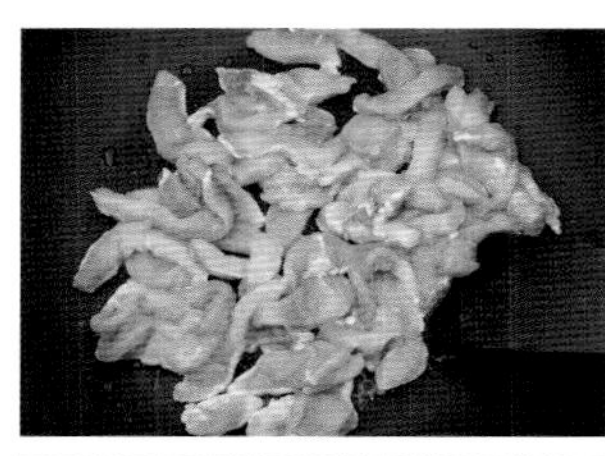

1 熱鑊下油，放入肉絲炒至 8 成熟，盛起備用。

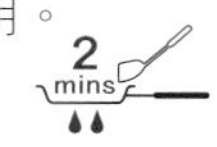

2 同鑊放入豆乾炒至金黃。 2 mins

3 加回肉絲炒勻，加入冰糖、生抽、豆瓣醬、酒拌炒。

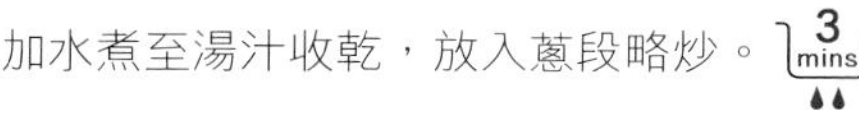

4 加水煮至湯汁收乾，放入蔥段略炒。 3 mins

小貼士

- 豆乾可選超市包裝或街市新鮮款式。
- 加冰糖不僅可增添甜味，更可令菜式色澤更佳。

豆乾炒肉絲

預算：約 $30  難度：★

豆乾質感結實且香口，
用以做小炒非常適合，
加入肉絲可增加口感，
嗜辣的加豆瓣醬炒更開胃。

材料 2 人分

蝦仁……………… 120g
全脂牛奶………… 150ml
蛋白……………… 4 隻
青豆……………… 適量
酒………………… 1 茶匙
粟粉……………… 適量
鹽………………… 適量
糖………………… 1/2 茶匙

做法

1 蝦仁以鹽、酒及 1 茶匙粟粉稍醃。

2 將蛋白、牛奶、1 湯匙粟粉、鹽及糖拌勻。

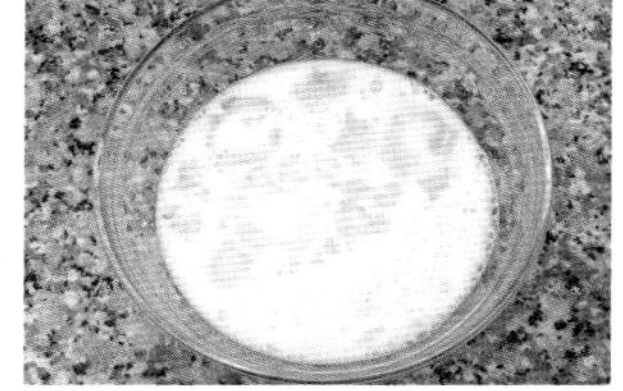

3 熱鑊下油，放入蝦仁炒至轉色，盛起備用。

4 熱鑊下油，倒入牛奶蛋白炒至凝固。

5 加入蝦仁及青豆炒勻。

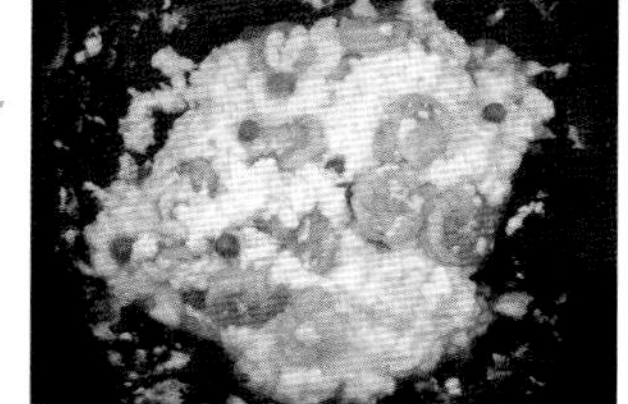

- 用全脂牛奶較低脂的好，受熱時較易凝固。
- 炒牛奶蛋白時要用小火，否則易燶。

蝦仁蛋白炒鮮奶

預算：約 $30  難度：★★

鮮奶不但可喝，也可吃進肚子，
順德名菜大良炒鮮奶就是代表之一，
今次以蝦仁代替蟹肉，
一滑一爽口感更豐富。

材料 2 人分

連殼蝦……………220g
蔥…………………1 棵（切段）
薑…………………1 片（切粒）
蒜頭………………2 粒（切粒）
腐乳………………1 磚
腐乳汁……………1 湯匙
糖…………………1 茶匙
紹興酒……………1 湯匙
麻油………………適量

做法

1 蝦剪去長鬚及腳，去腸洗淨瀝乾。

2 熱鑊下油，放入鮮蝦煎至兩面轉色，盛起備用。 3 mins

3 另熱鑊下油，爆香蒜頭、薑及蔥，再加入腐乳、腐乳汁及糖炒勻。 2 mins

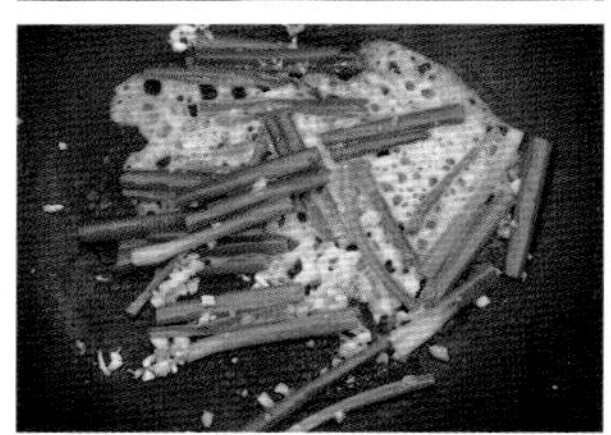

4 放入鮮蝦及紹興酒拌炒。 2 mins

5 熄火前下麻油炒勻。 1 min

小貼士

- 腐乳及腐乳汁下鑊前先混合搗爛較易炒開。
- 沒有紹興酒，用一般煮食用的酒也可。

腐乳炒蝦

預算：約 $35  難度：★

說到最易製作的海鮮，
鮮蝦定必在列，
用炒的方法味道更是多變，
大家吃慣了用豉油、椒鹽、蒜蓉炒，
試試鹹香的腐乳如何？

材料 2 人分

蘑菇……………1 盒
牛油……………10g
炸蒜粒…………3 湯匙
芫荽……………適量

做法

1 蘑菇去蒂後以沸水略灼 5 mins，撈起瀝乾備用。

2 熱鑊下牛油，爆香炸蒜粒。

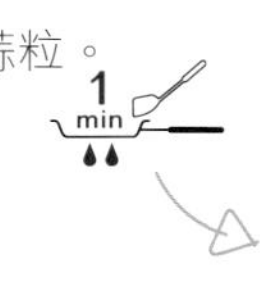

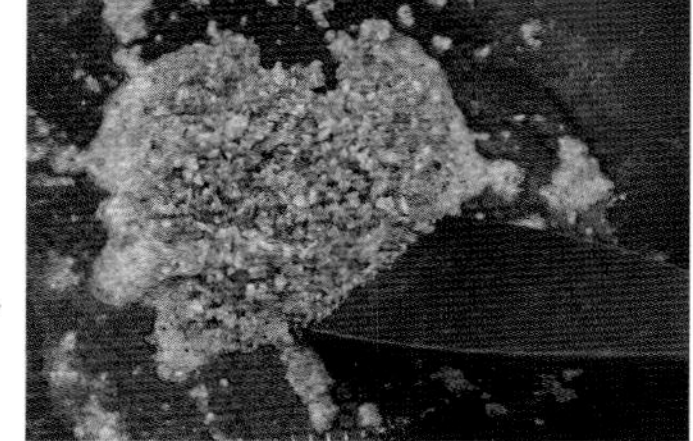

3 放入蘑菇拌炒，再加入芫荽同炒。2 mins

小貼士

- 在做法 2 要用小火，否則會令蒜粒變苦。
- 炸蒜已有足夠鹹味，不用再下鹽。

金蒜炒蘑菇

預算：約 $30　難度：★

蘑菇本身味淡，一般只作配菜之用，

若配味濃的炸蒜同炒，

配角也可變身為主菜。

材料 2 人分

雞扒⋯⋯⋯1 塊
日式醬油⋯1/2 湯匙
茄子⋯⋯⋯1 條（滾刀切塊）
長蔥⋯⋯⋯1/2 條（切段）
豆瓣醬⋯⋯1 茶匙

調味料：
味噌⋯⋯⋯1 湯匙
日式醬油⋯1 小匙
糖⋯⋯⋯⋯1 湯匙
酒⋯⋯⋯⋯1 湯匙

做法

1 雞扒切成一口大小，加入醬油稍醃。

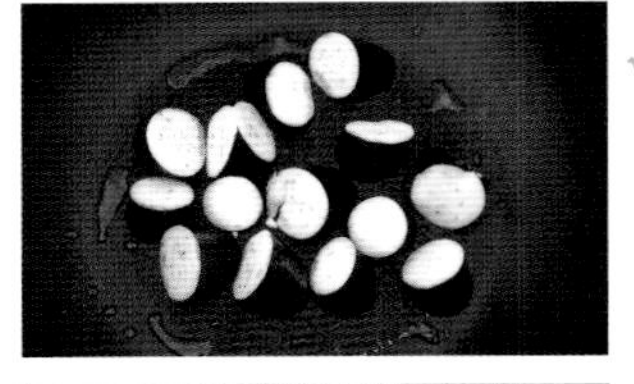

2 熱鑊下油，放入茄子炒至軟身，盛起備用。

3 熱另一油鑊，放入雞肉炒至轉色。

4 加入豆瓣醬炒至傳出香味。

5 放入茄子及長蔥，加調味料炒勻。

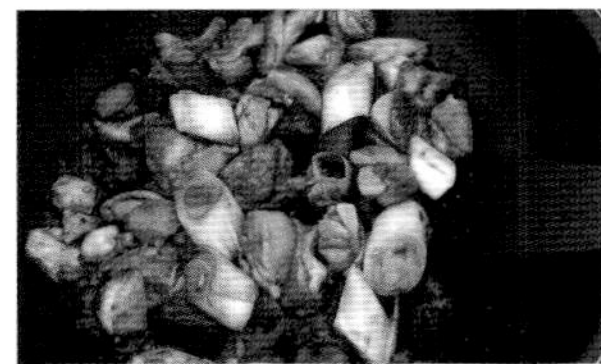

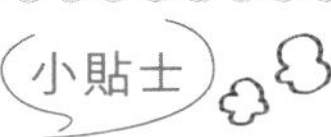

小貼士

如無日式醬油，也可用生抽代替，但會較鹹，要酌量減少分量。

辣炒雞肉茄子

預算：約 $20　難度：★

茄子配雞肉雖是尋常配搭，但以味噌及豆瓣醬調味，

鹹香微辣，絕對是佐酒佳品。

材料 2 人分

鱸魚柳………1 條
三色蔬菜……3 湯匙
蒜頭…………2 粒（切粒）
洋蔥…………1/8 個（切粒）
黑胡椒………1 茶匙
紹興酒………1 湯匙
生抽…………1 茶匙
雞粉…………1/2 茶匙
水……………3 湯匙
鹽……………適量

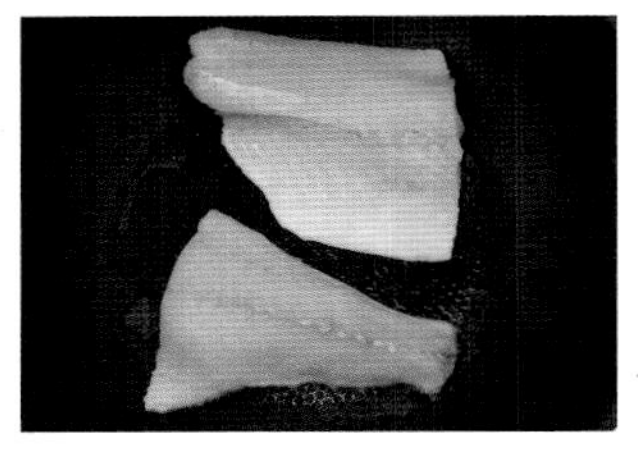

做法

1 魚柳清洗後抹乾水分，以鹽稍醃。

2 熱鑊下油，放入魚柳煎熟，盛盤。5 mins

3 原鑊爆香蒜頭及洋蔥。2 mins

4 加入三色蔬菜拌炒。1 min

5 下黑胡椒炒香後，加入紹興酒。1 min

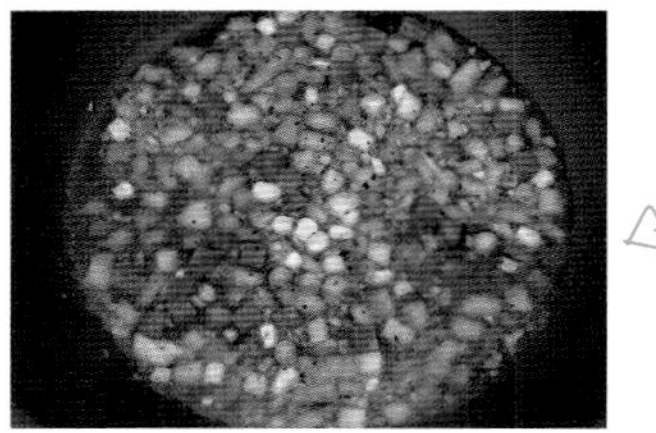

6 加入生抽、雞粉及水煮沸。2 mins

7 將黑椒雜菜汁淋在魚上。

小貼士

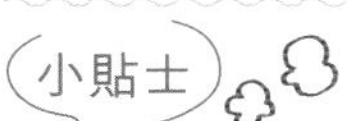

除了鱸魚，用其他魚柳都可以。

黑椒雜菜汁魚柳

 預算：約 $30  難度：★

雖然黑椒帶點辛辣，
但醬汁不會很濃郁，
加入雜菜更有點清爽感，
配煎魚柳很搭配。

材料 2 人分

冷藏虎蝦…………………… 10 隻
鹹蛋…………………………… 3 隻
牛油…………………………… 10g
醃料：
鹽 ………………………… 適量
酒 ………………………… 適量
粟粉…………………………… 3 湯匙

做法

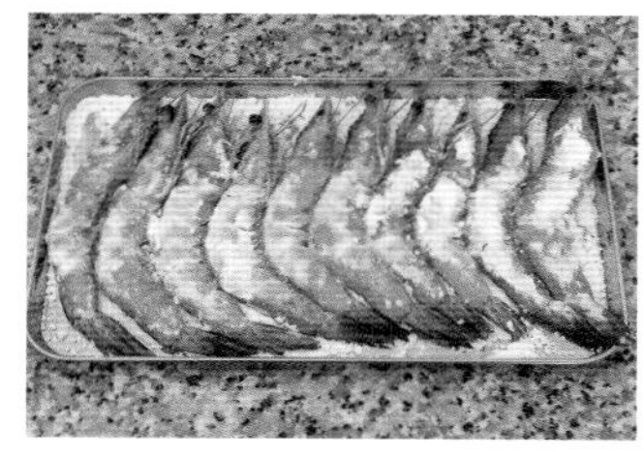

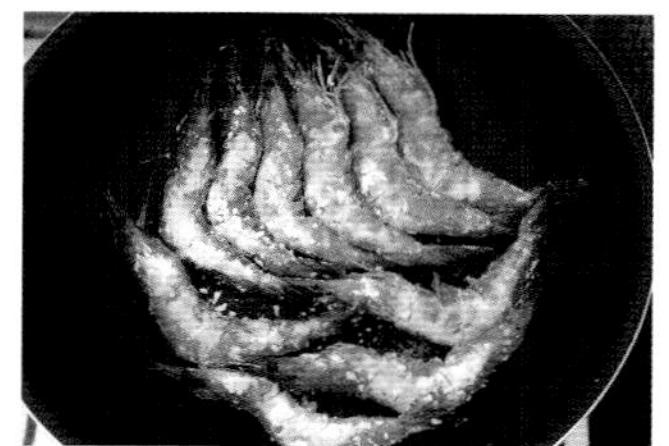

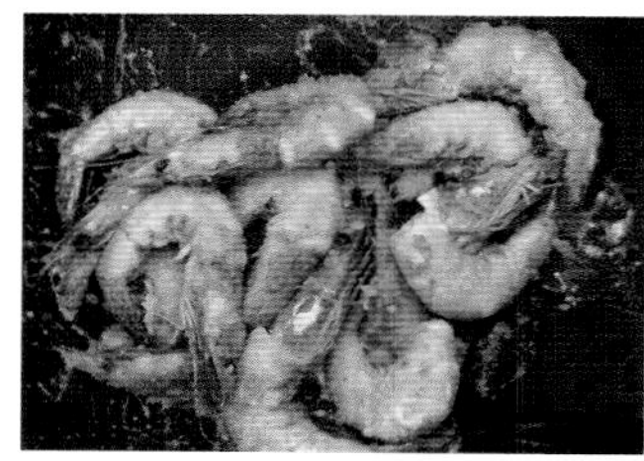

1 灼熟鹹蛋 10 mins，撈起放涼後取出蛋黃並壓碎。

2 蝦以鹽及酒稍醃，再沾上薄薄粟粉。

3 熱鑊下油，放入蝦煎至 8 成熟，盛起備用。3 mins

4 熱鑊煮溶牛油，放入蛋黃炒溶，加入蝦炒勻。

小貼士

不用虎蝦，也可用較細小的草蝦。

蛋黃要用小火炒溶，否則易炒焦。

3 mins
5 mins
黃金蝦
預算：約 $65
難度：★
鹹蛋黃鹹中帶甘香，
色澤金黃，
用以炒蝦香氣四溢，
就偶爾放縱一下吧。

材料 2 人分

熟米飯……………2 碗
水…………………4 飯碗
蝦米………………2 湯匙
冬菇………………2 個
生菜………………1/3 個（切絲）
雞蛋………………1 隻（發打）
蔥…………………1/2 棵（切粒）
鹽…………………適量

做法

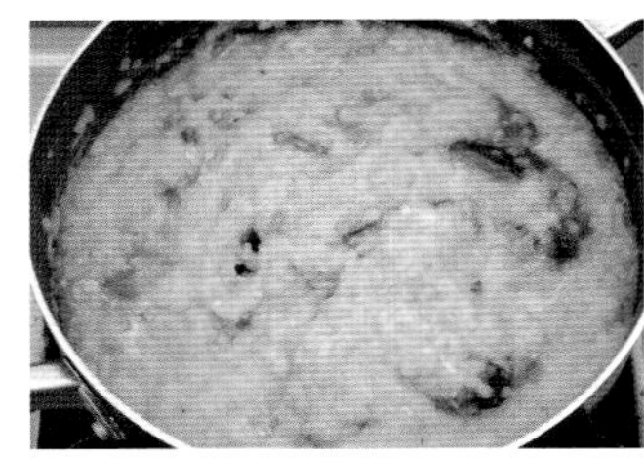

1 冬菇及蝦米預先泡軟 ，將冬菇切粒。

2 煮沸水，放入蝦米、冬菇、米飯。10 mins

3 粥呈濃稠狀時，倒入蛋液及生菜慢慢攪拌。1 min

4 下鹽調味，加入蔥粒略煮即成。1 min

小貼士

將熟米飯倒進鍋後，要持續攪拌，以防黐鍋底。

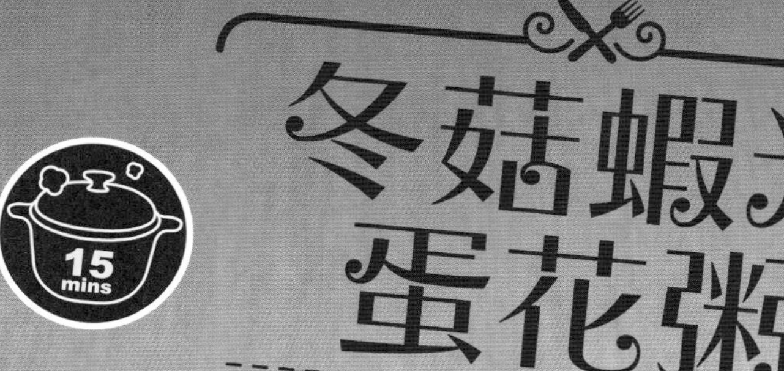

冬菇蝦米蛋花粥

 預算：約 $5  難度：★★

剩飯除了可以用來炒，
也可煲個快捷的粥品，
適合想吃粥卻沒耐性者，
材料亦可隨喜好轉換。

材料 2 人分

馬鈴薯……………………… 1 個（切絲）
甘筍………………………… 1/2 條（切絲）
榨菜………………………… 1 包
豆豉………………………… 2 湯匙
糖…………………………… 1/2 茶匙
生抽………………………… 1 茶匙

做法

1 馬鈴薯絲泡水備用。豆豉洗淨瀝乾備用。*

2 熱鑊下油，放入馬鈴薯及甘筍爆炒。 3 mins

3 加入豆豉炒出香味。 2 mins

4 加入榨菜炒勻，下糖及生抽調味。 2 mins

小貼士

- 馬鈴薯先泡水，可去除多餘澱粉質，炒起來較爽口。
- 豆豉先稍為壓爛才炒，香氣更易滲出。

豆豉炒三絲

預算：約 $10  難度：★

豆豉香氣十足，
配搭任何食材都是上佳佐飯菜，
這次以三種素菜絲同炒，
仍然很惹味。

材料 2 人分

馬鈴薯…………………… 2 個
水…………………………… 1/2 杯
韓式醬油………………… 2 湯匙
糖…………………………… 3 湯匙
蜜糖………………………… 3 茶匙
蒜頭………………………… 1 粒（切粒）
鹽…………………………… 1/4 茶匙
白芝麻……………………… 1/2 茶匙

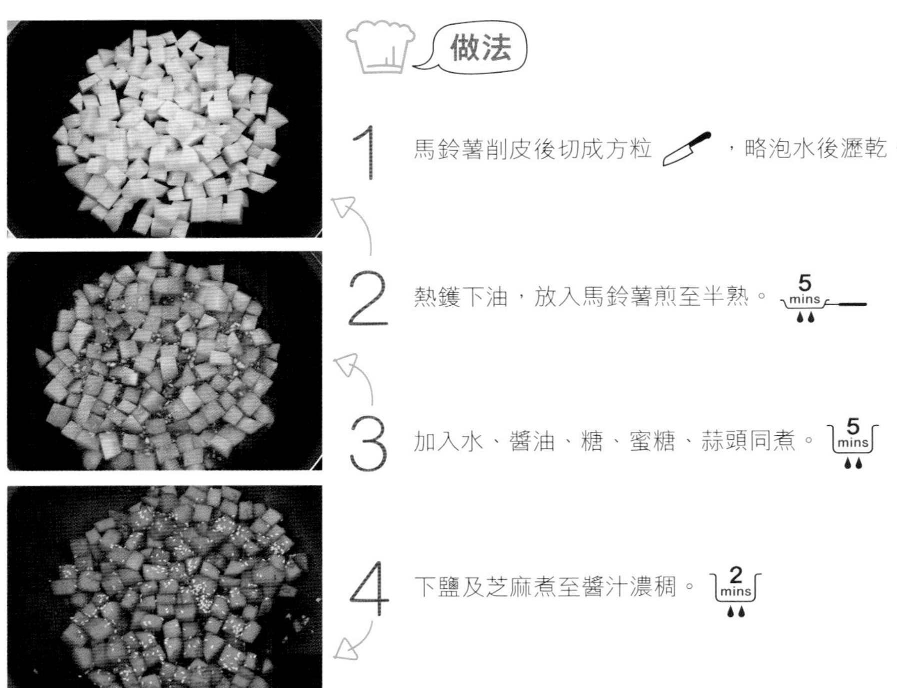

做法

1 馬鈴薯削皮後切成方粒，略泡水後瀝乾。

2 熱鑊下油，放入馬鈴薯煎至半熟。5 mins

3 加入水、醬油、糖、蜜糖、蒜頭同煮。5 mins

4 下鹽及芝麻煮至醬汁濃稠。2 mins

小貼士

- 如沒韓式醬油，也可用日式醬油代替。如用一般生抽會偏鹹。
- 若煮多了，可放進雪櫃冷藏，當作涼菜吃。

韓式醬燒薯粒

預算：約 $5　難度：★

常見韓式前菜之一，
味道甜美可口，
冷吃熱食均可。

材料 2 人分

豬扒……………2 塊
麵包……………2 塊（撕碎）
番荽碎…………1 湯匙
香草碎…………1 茶匙
雞蛋……………2 隻（發打）
鹽………………適量
粟粉……………適量

做法

1 豬扒以鹽及粟粉稍醃。

2 將麵包碎、番荽碎、香草碎及鹽拌勻。

3 加入蛋液拌勻。

4 將做法 3 材料均勻地塗在豬扒上。

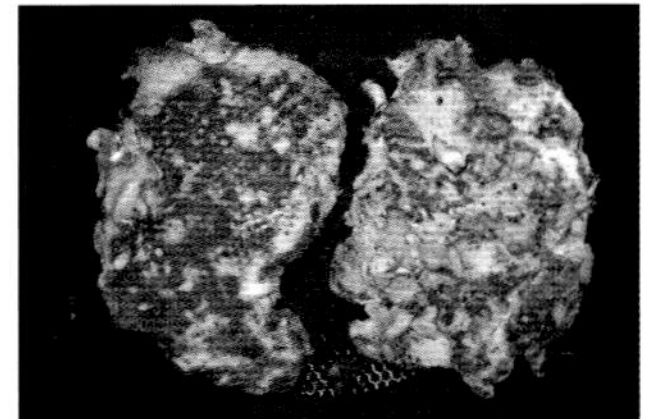

5 熱鑊下油，放入豬扒煎熟。 10 mins

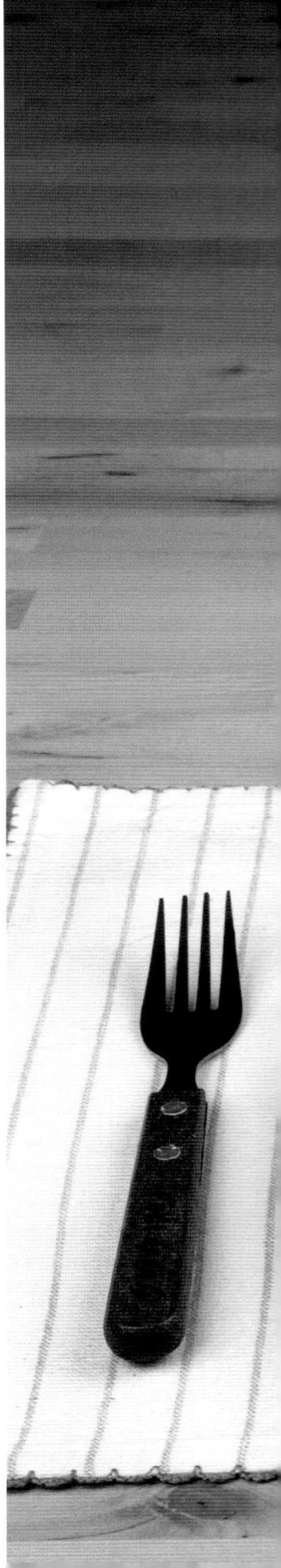

小貼士

醃豬扒前先將豬扒錘鬆，肉質較鬆化及較易煎熟。

麵包香草豬扒

預算：約 $35　難度：★★

煎豬扒很多時會裹上麵包糠，
用撕碎的麵包取代更有咬口，
加上混和蛋液及香草，
味道更香口。

材料 2 人分

雞扒……………… 2 塊（切小塊）
番茄……………… 2 個（切塊）
西蘭花…………… 1/2 個（切小棵）
洋蔥……………… 1/2 個（切塊）
蘑菇……………… 1/2 盒（切片）
罐裝茄蓉………… 4 湯匙
鹽………………… 適量
黑胡椒…………… 適量
水………………… 適量（浸過材料一半）

做法

1 雞塊以鹽及黑胡椒稍醃。

2 西蘭花放進沸水稍灼 3 mins，撈起瀝乾。

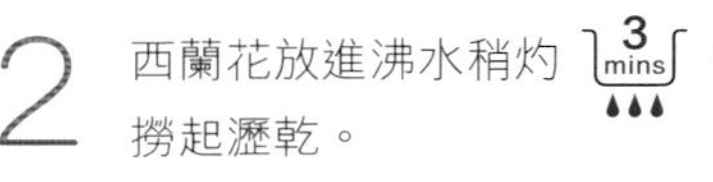

3 熱鑊下油，放入雞塊煎熟，盛起備用。 5 mins

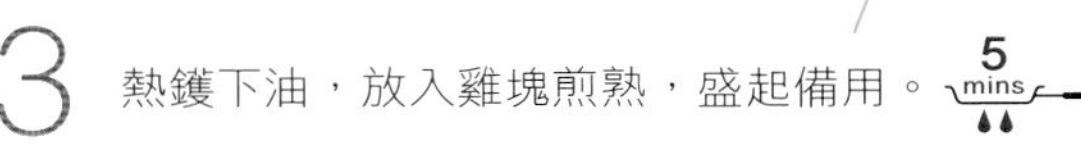

4 熱鑊下油，爆香洋蔥，放入蘑菇及番茄同炒。 2 mins

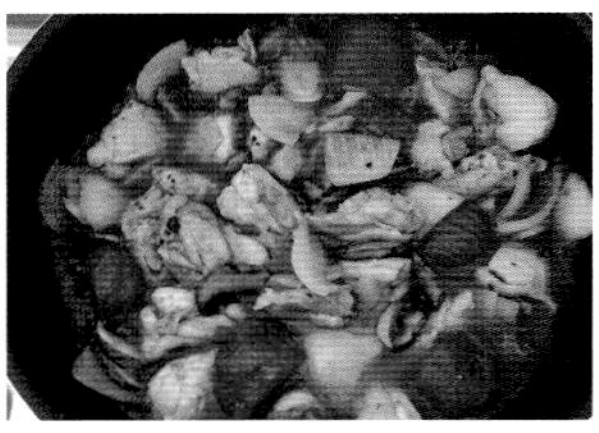

5 加入雞塊、茄蓉、水、鹽，加蓋煮至醬汁收乾一半。 10 mins

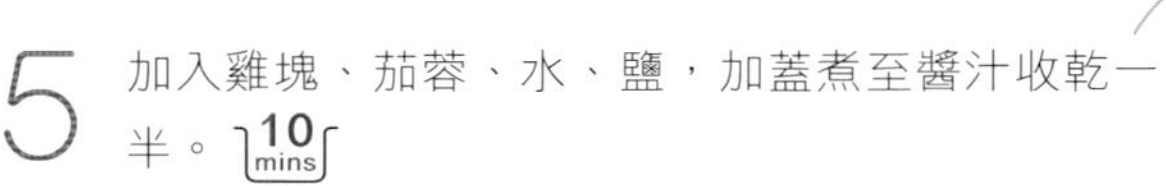

6 加入西蘭花，再煮至醬汁轉濃稠。 5 mins

小貼士

喜歡芝士的話，可在最後灑上芝士絲焗至溶化，更美味。

茄醬燴雞

預算：約 $60 難度：★★

番茄類菜式特別能引起食慾，
用以熬煮雞塊每一口都是精華，
微酸的醬汁配飯麵或麵包皆宜。

蘿蔔絲煎餅

15 mins

預算：約 $15　難度：★

蘿蔔便宜又甜美，
不論煮湯或蒸糕皆宜，
切絲做煎餅則較香口。

材料 2 人分

蘿蔔…………1 條（切絲）
甘筍…………1 條（切絲）
蔥……………1 棵（切粒）
薑……………1 片（切粒）
麵粉…………100g
水……………180ml
雞蛋…………1 隻
鹽……………1/2 茶匙
雞粉…………1/2 茶匙
白胡椒粉……適量

做法

1 在碗中放入麵粉、水、雞蛋、鹽、雞粉、胡椒粉拌成糊狀。

2 加入蘿蔔、甘筍、蔥及薑拌勻。

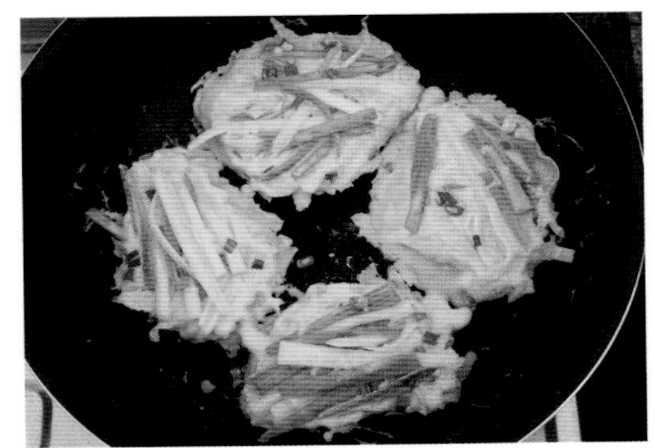

3 熱鑊下油，逐次放入 1 湯勺麵糊，煎成兩面金黃色。

小貼士

蘿蔔含有水分，所以麵糊不用加太多水。

煎餅頗飽肚，可作正餐。

材料 2 人分

煎炸豆腐…………………… 1/2 盒（切件）
紫菜………………………… 8 片
粟粉………………………… 適量
白芝麻……………………… 適量
醬汁：
日式醬油…………………… 1 湯匙
蠔油………………………… 2 湯匙
酒…………………………… 1 湯匙
味醂………………………… 1 湯匙
水…………………………… 5 湯匙
糖…………………………… 1/2 湯匙
薑…………………………… 2 片（切粒）
蒜頭………………………… 2 粒（切粒）

做法

1 將紫菜包裹豆腐，再沾上薄薄粟粉。

2 熱鑊下油，放入紫菜豆腐卷煎至兩面金黃。5 mins

3 加入醬汁煮至濃稠。5 mins

4 盛盤後灑上白芝麻。

小貼士

如方便去街市，選硬豆腐比超市買的煎炸豆腐更扎實。

紫菜豆腐卷

預算：約 $10　難度：★

豆腐味淡，紫菜味濃，兩者可互補平衡，
再配蠔油醬汁，素菜也不一定淡寡。

材料 2人分

雞腎……………… 200g
紫洋蔥…………… 1/2 個（切塊）
蒜芯……………… 5 條（切段）
蒜頭……………… 2 粒（切粒）
薑………………… 2 片（切粒）
生抽……………… 1 湯匙
蠔油……………… 1 湯匙
酒………………… 1 湯匙
鹽………………… 適量
孜然粉…………… 適量

做法

1 雞腎洗淨後去筋切片。

2 熱鑊下油，爆香蒜頭及薑，放入雞腎炒至轉色，盛起備用。4 mins

3 熱鑊下油，放入紫洋蔥及蒜芯炒至軟身。2 mins

4 加入雞腎同炒，下生抽、蠔油、酒及鹽調味。1 mins

5 加入孜然粉略炒。1 mins

小貼士

- 雞腎要切走筋膜才不會變韌。
- 紫洋蔥只取其色，找不到也可用普通洋蔥。

孜然蒜芯炒雞腎

 預算：約 $30  難度：★

雞腎質感爽脆，
是很多喜吃內臟者最愛之一，
不僅可用來滷水，
作小炒菜式也一流。

香辣薯片

預算：約 $35

難度：★

薯片是大人小朋友都喜歡的零食，其實也可以嘗試自製，
調味隨自己喜歡，用微波爐加熱也很方便。

材料 2 人分

馬鈴薯…………1 個（去皮切薄片）
油………………適量
孜然粉…………1 茶匙
辣椒粉…………1 茶匙
鹽………………適量
蔥………………適量（切粒）

做法

1 將薯片放進水略泡，盛起後用廚紙輕輕抹乾。

2 在薯片上掃少許油，灑上孜然粉、辣椒粉及鹽。

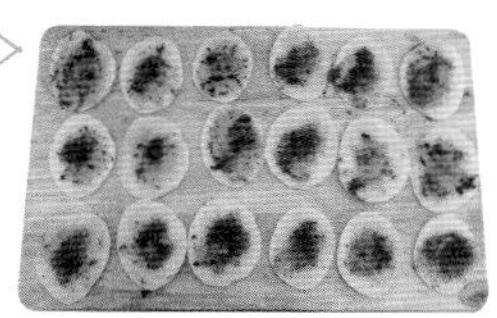

3 將薯片放進微波爐加熱。2 mins

4 取出後翻轉，再加熱。2 mins

5 盛盤後撒蔥粒。

小貼士

- 馬鈴薯儘量切薄一點，質感才較佳。
- 用焗爐加熱也可，以 180 度焗 25 至 30 分鐘，中途需取出翻面。

芒果豆腐粟米杯

預算：約 $20

難度：★

豆腐花只可淨吃？其實可加入自己喜愛的水果，
加上微酸的沙律醬，也是清新怡人的甜品。

材料 1 人分

豆腐花……………1 盒（切粒）
芒果………………1 個（切粒）
粟米………………2 湯匙
沙律醬……………適量

做法

1 將豆腐粒及芒果粒置於杯裡。

2 灑上粟米。

3 淋上沙律醬。

豆腐花容易弄散，要小心切粒及置於杯內。

材料 2 人分

豆腐…………2 磚（切約 1cm 厚片）
免治豬肉……50g
生抽…………1.5 茶匙
酒……………1/2 茶匙
豆瓣醬………2 湯匙
薑……………1 片（切粒）
水……………1/2 飯碗
粟粉水………1 茶匙
蔥……………適量（切粒）

做法

1 免治豬肉加入生抽及酒稍醃。

2 將豆腐鋪在耐熱碟上。

3 熱鑊下油，放入免治豬肉炒至轉色。 2 mins

4 加入豆瓣醬及薑粒炒勻。 1 min

5 倒入水煮沸，加粟粉水煮至汁呈濃稠。 2 mins

6 將辣肉醬倒在豆腐上，放在鑊中蒸熟，取出後撒上蔥粒。 8 mins

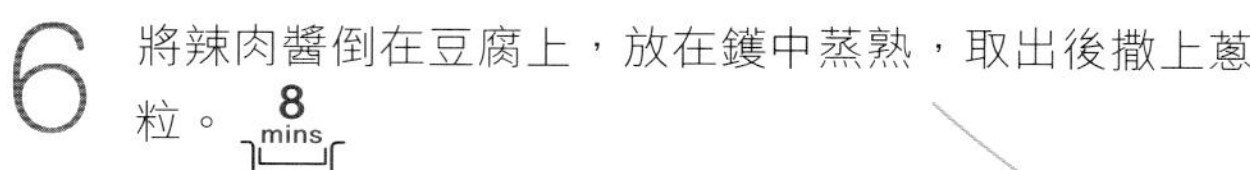

小貼士

怕將豆腐片移至碟上易弄散，可直接放在碟上切片。

辣肉醬蒸豆腐

預算：約 $10　 難度：★★

豆腐用來蒸最能保持滑嫩質感，
不僅可鋪蝦滑、鯪魚肉同蒸，
配自製辣肉醬也可，
一辣一清淡相輔相成。

材料 2 人分

芽菜…………………… 250g
雞蛋…………………… 1 隻（發打）
薑……………………… 1 片（切絲）
蔥……………………… 1 棵（切段）
米酒…………………… 1 茶匙
鹽……………………… 適量
辣椒…………………… 1 條（切粒）
黑胡椒………………… 適量

做法

1 芽菜洗淨備用。

2 熱鑊下油，倒入蛋液煎成蛋皮，盛起後切絲。
2 mins

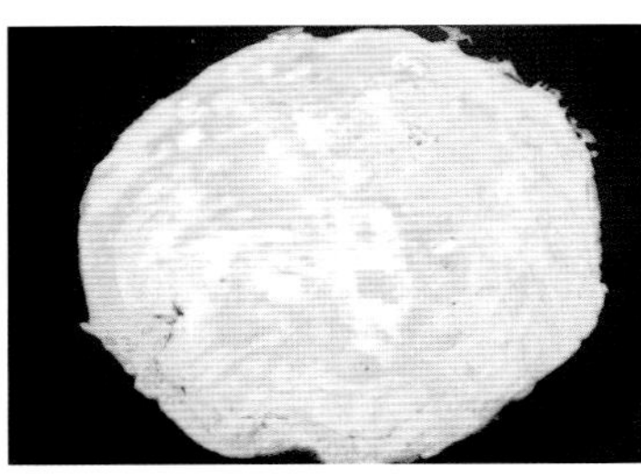

3 熱鑊下油，爆香薑絲，放入芽菜、蛋絲、蔥段、米酒同炒。
3 mins

4 下鹽調味，加入辣椒及黑胡椒略炒。
1 min

小貼士

加入薑、酒、黑椒同炒，可稍為辟去芽菜的草青味。

辣炒蛋絲銀芽

預算：約 $5  難度：★

芽菜雖然抵吃，
但淨炒未免單寡，
加入蛋絲及蔥段增添香氣，
顏色亦更豐富。

材料 2人分

南瓜……………200g（切粒）
牛肉……………150g
洋蔥……………1/2個（切絲）
水………………適量（剛蓋過南瓜）
鹽………………適量

醃料：
日式醬油…………1湯匙
酒………………1湯匙
味醂……………1湯匙

做法

1 南瓜先放進沸水煮至半熟，撈起瀝乾。2 mins

2 牛肉以醃料稍醃。

3 熱鑊下油，爆香洋蔥。2 mins

4 加入牛肉炒至半熟。2 mins

5 加入南瓜及煮南瓜的湯汁慢煮，下鹽調味。10 mins

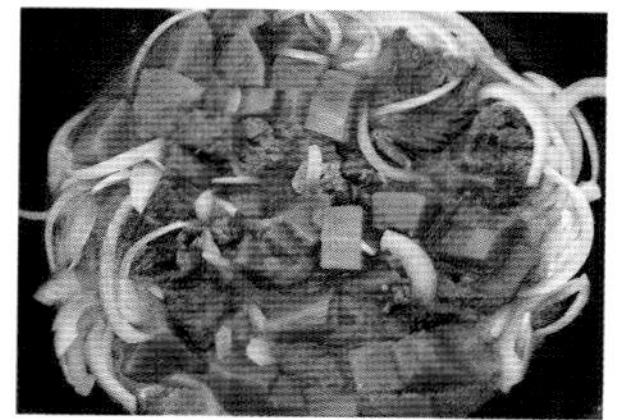

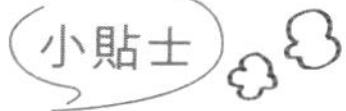

小貼士

- 部分超市有切粒南瓜出售，分量較少亦已去皮，很方便。
- 用煮過南瓜的水同煮，湯汁味道更甜。

4 mins

10 mins

南瓜燴牛肉

預算：約 $30　難度：★

南瓜是天然健康食品，
既低脂又可降血壓血糖，
口感亦軟腍香甜，
做燉煮菜式很適合。

材料 2 人分

多春魚…………300g
醃料：
香茅……………1/4 條（切碎）
青檸汁…………2 湯匙
辣椒……………1 條（切粒）
糖………………1/2 茶匙
酒………………1 湯匙
魚露……………1/2 湯匙

做法

1 將所有醃料拌勻。

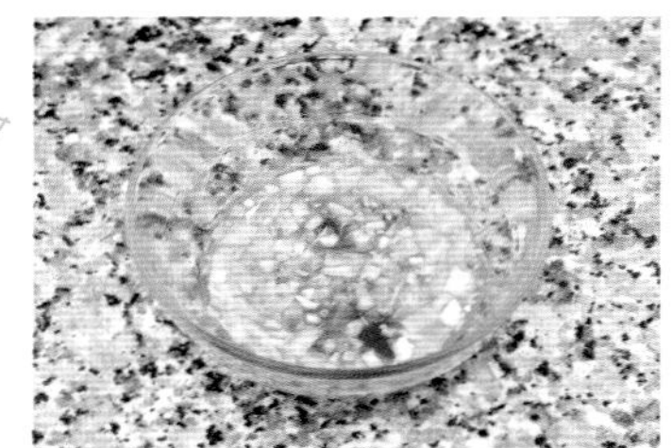

2 多春魚洗淨瀝乾，加入醃料稍醃。

3 焗爐以 180 度預熱，放入多春魚烤焗。10 mins

小貼士

想多春魚不黏著烤盤，可在盤上鋪上烤焗用的紙才放上多春魚。如用錫紙會容易黏著魚皮。

香茅青檸焗多春魚

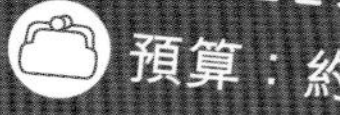 預算：約 $25

 難度：★

多春魚魚骨酥軟可吃，
適合怕吃魚之士，
配青檸香茅汁同焗，
感覺清新不油膩。

材料 2 人分

娃娃菜⋯⋯⋯⋯⋯⋯⋯⋯ 2 棵
火腿⋯⋯⋯⋯⋯⋯⋯⋯⋯ 2 片
蒜頭⋯⋯⋯⋯⋯⋯⋯⋯⋯ 4 粒（切粒）
辣椒⋯⋯⋯⋯⋯⋯⋯⋯⋯ 1 條（切粒）
蔥⋯⋯⋯⋯⋯⋯⋯⋯⋯⋯ 1 棵（切粒）
生抽⋯⋯⋯⋯⋯⋯⋯⋯⋯ 1 湯匙
糖⋯⋯⋯⋯⋯⋯⋯⋯⋯⋯ 1/4 茶匙
鹽⋯⋯⋯⋯⋯⋯⋯⋯⋯⋯ 適量

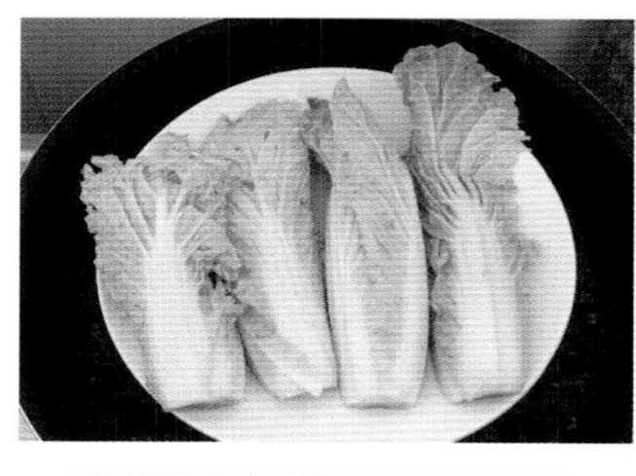

做法

1 將娃娃菜根部切除後每棵切半，洗淨後鋪在碟上隔水蒸熟 6 mins，菜汁倒起備用。

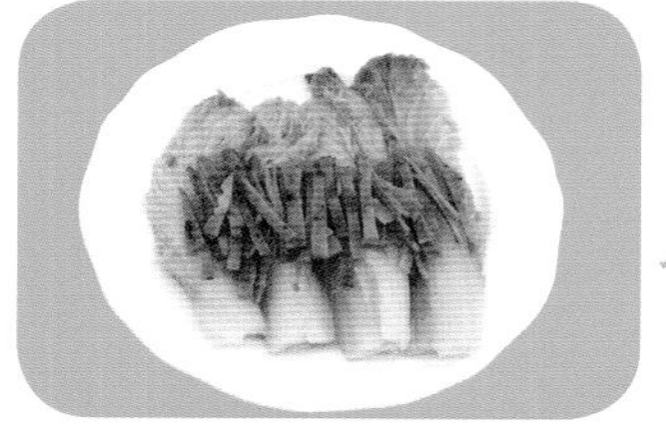

2 熱鑊不下油，放入火腿煎至兩面焦香 1 min，盛起後切絲，鋪在娃娃菜上。

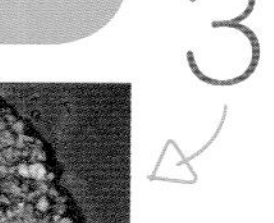

3 熱鑊下油，爆香蒜頭、辣椒及蔥，倒入菜汁、生抽、糖、鹽炒勻。1 min

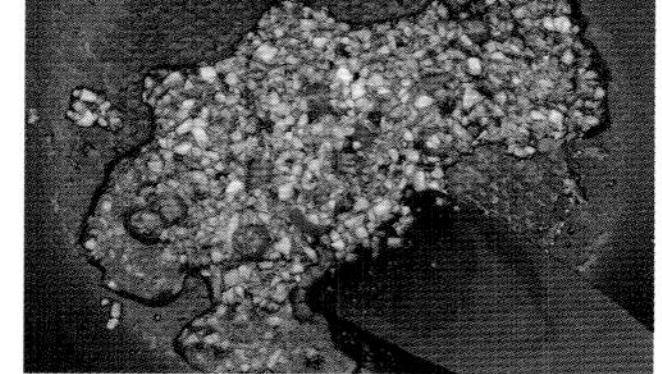

4 將醬汁淋在火腿娃娃菜上。

小貼士

若蒸出來的菜汁不多，可在做法 3 爆香料頭及調味料時加適量水。

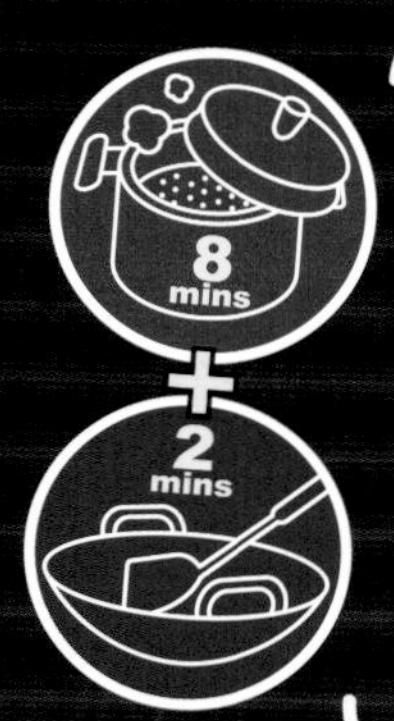

火腿絲蒸娃娃菜

預算：約 $10 難度：★

蔬菜雖健康，但單吃未免味寡，
將煎香的火腿絲鋪面，
加上香辣醬料，
為平淡蔬菜增添食味。

材料 2 人分

雞蛋················4 隻
洋蔥················1/2 個（切絲）
蔥··················3 棵（切段）
冰糖················1 小粒
生抽················3 湯匙
辣椒················2 隻（原隻）
水··················2 湯匙

做法

1 熱鑊下油，打入雞蛋煎至兩面金黃，盛起切粗條備用。1 mins（每個）

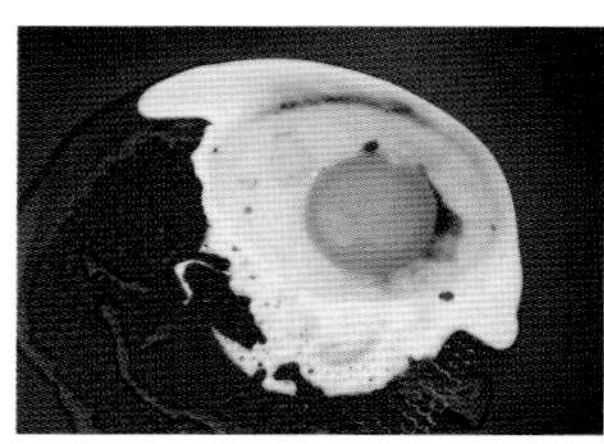

2 熱鑊下油，爆香洋蔥及蔥段。1 mins

3 加入冰糖炒至溶化。2 mins

4 加入荷包蛋及下生抽、辣椒同炒。1 mins

5 加水炒至收乾水分。2 mins

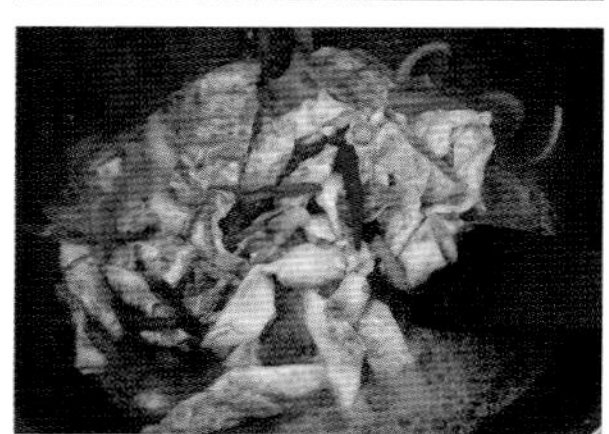

小貼士

將荷包蛋切粗條較不容易炒爛。

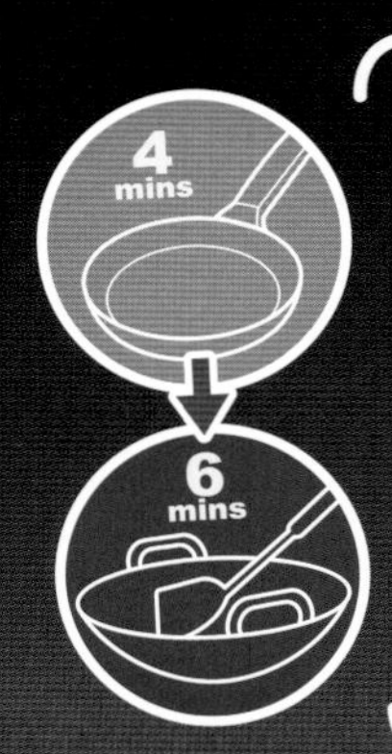

雙蔥炒荷包蛋

預算：約 $10　難度：★

第 3 輯介紹了用糖醋汁煮荷包蛋，
今次轉用炒的方法，
加入蔥及洋蔥香氣四溢，
荷包蛋是可以有多種吃法的。

태양초
우리쌀 고추장
500g
AMOY
銀標生抽
SILVER LABEL LIGHT SOY SAUCE

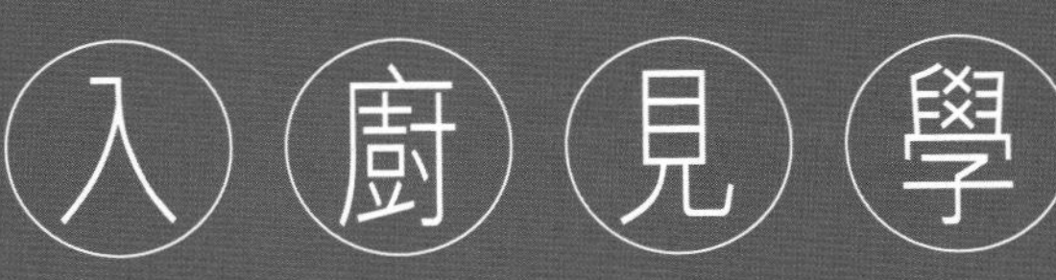

入廚見學

常備食材及調味料・挑選食材・
食材準備・食材切法・
食材烹調法・有趣食具

常備食材及調味料

家中常備可存放較久的食材及調味料，就算沒時間到街市超市選購，隨時都可就地取材開爐煮食，亦省卻每次購買的煩惱。

調味料
生抽
老抽
鹽
糖
粟粉
白胡椒粉
黑胡椒粉
蠔油
麻油
米酒
茄汁
香草碎
咖喱粉
芝士粉
雞湯
BESTbuy 超值牌
Table Salt 餐桌鹽
太古taikoo
Knorr 家樂牌
KINGSFORD'S
CORN STARCH
This pure, wholesome Corn Starch thickens GRAVIES, SAUCES, PUDDINGS, CUSTARDS, CAKE AND PIE FILLINGS.
NET WT. 420g
AMOY
銀標生抽
SILVER LABEL LIGHT SOY SAUCE
金標老抽
GOLD LABEL DARK SOY SAUCE
White Pepper Powder
Select 佳之選
Ground Black Pepper 黑碎胡椒
舊庄特級蠔油
李錦記
Premium Oyster Sauce
純正芝麻油
純
珠江橋牌
PEARL RIVER BRIDGE
中山米酒
ZHONG SHAN MIJIU
Del Monte
KETCHUP
All Natural
All Natural ITALIAN HERBS MILL
Curry Powder
KRAFT
100% Grated Parmesan Cheese
卡夫芝士粉
纯巴马奶酪粉
NET WT 3 OZ (85g)
史雲生
清雞湯

調味料

註：食材及調味料品牌只作參考用，可按個人喜好選購。

挑選食材篇

工欲善其事，必先利其器，烹飪都是一樣，就算有一雙巧手，有熟習的技術，也要有好的食材配合，所以，懂得去選是學烹飪的首要課題。

排骨

用以炆或蒸的排骨，在街市購買的話，最好選飛排，就算烹調時間較長，肉質仍能保持脸滑。如作糖醋排骨的話，則選一字排較佳。

番茄

呈深紅色較熟的酸度較低，而且最好選較脸身的，容易煮脸。

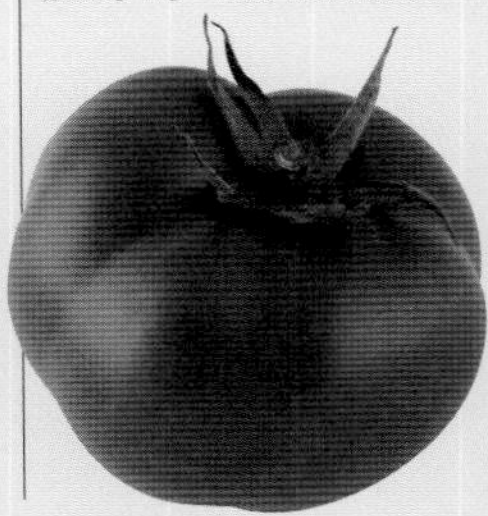

馬鈴薯

個子不用太大，表面要光滑，開始發芽的就避免選，因為內含毒素。

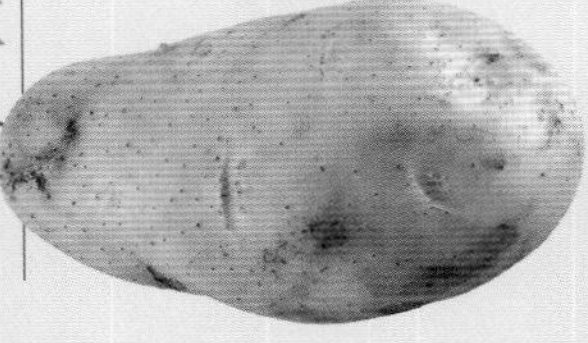

蘿蔔

選較重身的代表較多水分，頂部的莖呈青綠色則較新鮮。

茄子

越瘦的茄子越嫩，頂部的蒂呈綠色較新鮮，輕捏一下測試軟硬度，避免選太脸身的。

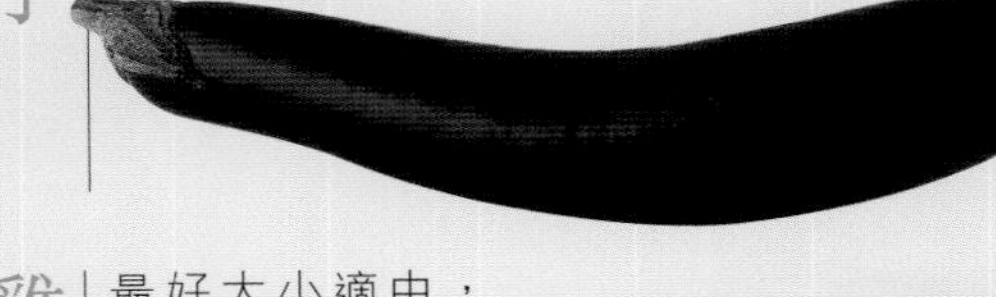

蓮藕

短而粗的質量較佳，顏色不宜過白（有可能被漂白過），帶泥的雖然清洗較麻煩，但可儲存較久。

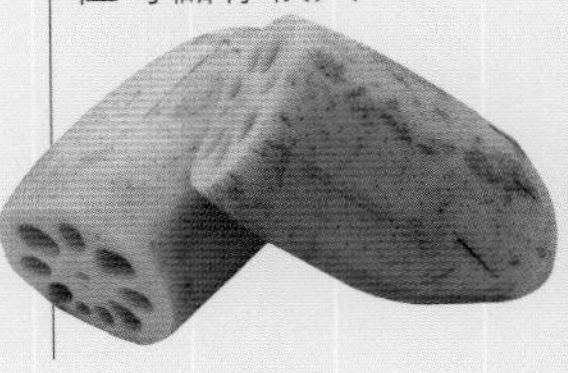

雞翼

最好大小適中，避免選有瘀血的雞翼。

臘腸

表面要油潤有光澤，帶少許肥肉會較香口。

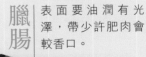

煎炒用豬肉

可要求肉販要梅頭，肉質較脸。水腍肉質更脸更甜，但可能較梅頭略貴。

煎炒用牛肉

可要求肉販要牛柳邊，肉質較脸。

食材準備篇

預先處理食材及調味料

乾海味類

蝦米、冬菇等需要較長時間浸泡才變軟身，如早上已想好當晚菜式，出門前應先浸泡此等食材，待下班回來便可立即瀝乾下鑊煮了。

急凍食材

同樣，若早上已想好當晚菜式，可於出門前將冷凍櫃內的急凍食材移至冷藏櫃解凍。但注意已解凍的食材不宜再放回雪櫃冷藏，所以解凍時宜只取出所需分量。

容易氧化之食材

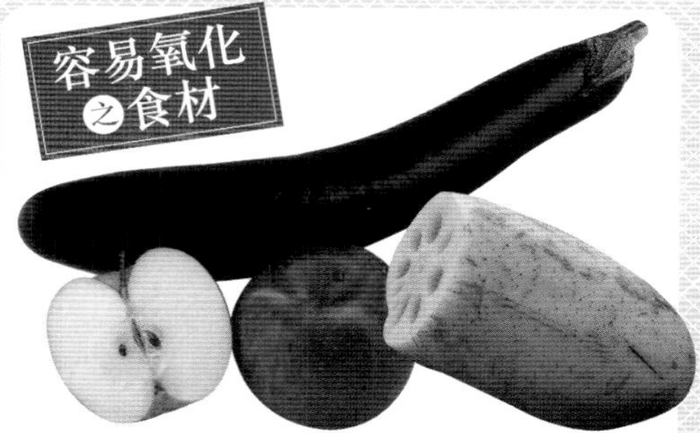

蘋果、茄子、蓮藕等容易氧化之食材，切開後未即時烹調的話，宜先泡在水中，可減慢變色速度。

長時間醃製食材

若部分食材需醃製數小時，建議早一晚或當日早上先醃。

保鮮袋醃肉

將肉類及醃料同放進保鮮袋鎖緊，再放入雪櫃，較盛於碟或碗醃得均勻。

準備調味料

若烹調途中才往調味架、雪櫃等四處張羅調味料，再量度分量，又要兼顧火候，很容易會手忙腳亂。建議開爐前先準備好所有調味料，如不需按次序落調味料，可先將數種調味料混合，方便又快捷。

處理用剩食材

耐存放之食材（蔥、洋蔥、甘筍等可存放數天）用剩後要用保鮮紙或保鮮袋包好，再放進雪櫃。

清洗食材

大部分蔬菜沾了泥、農藥甚至菜蟲，故徹底洗淨是必需的，但也無需逐條清洗（費時亦耗水），可先浸泡兩次，再分批沖洗。

不論是在街市還是超市購買，除了免治肉類（肉販多在攪碎前已沖洗），所有肉類都要沖洗一下確保清潔。

連殼蜆

以水浸泡蜆，再每次將兩隻或以上蜆殼互相磨擦，以擦走污垢。將污水倒走，換上清水，加適量鹽巴，再浸泡蜆約 10 分鐘以吐沙。

西蘭花 / 椰菜花

先整棵倒轉浸泡在水中，儘量浸出菜蟲及農藥，然後切小棵，再浸泡在鹽水中。

豆豉加水，邊浸泡邊用手指輕力搓走豆豉面層薄衣，然後用水再略為清洗。

蠔的表面有很多黏液，裙邊亦有污跡，宜重覆數次用粟粉擦走污垢，再用水沖洗。

量度容器

湯匙

茶匙

茶匙 —— 量度調味料分量（較小）。

湯匙 —— 量度調味料分量（較大）。

量杯 —— 量度牛奶、雞湯等，以ml、cc或cup為單位。

磅 —— 量度食材重量，以g為單位。

碗 —— 量度水用。

量杯

單位換算

重量

1斤 = 600克(g) = 16両

1公斤(kg) = 1000克(g) = 2.2磅(lb)

1磅(lb) = 16安士(oz) = 454克(g)

1安士(oz) = 28克(g)

1両 = 27.8克(g)

容量

1毫升(ml) = 1cc / 克(g)

1茶匙 = 5克(g) / 毫升(ml)

1湯匙 = 3茶匙 = 15克(g) / 毫升(ml)

1杯(cup) = 250毫升(ml)

食材切法

長蔥（切粒）

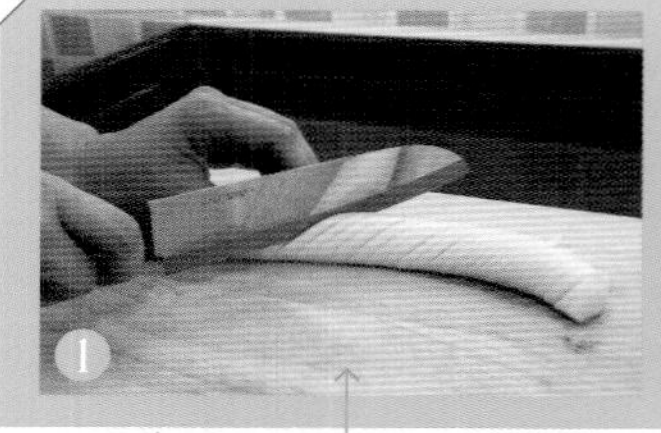

先斜切（不要切到底）

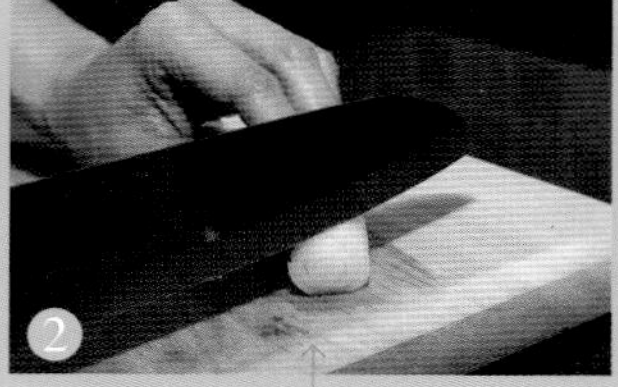

再逆向切到底即成

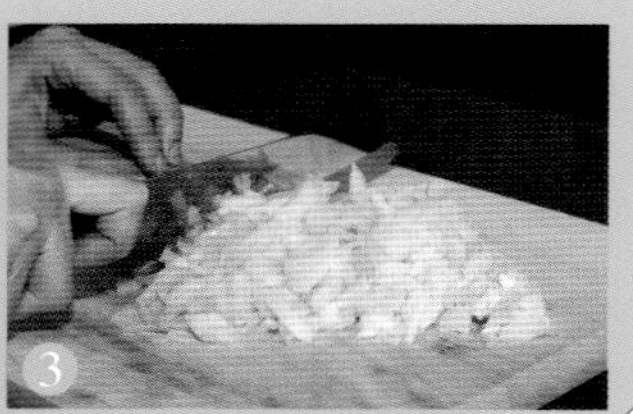

菇菌（去蒂）

蒜頭（切粒）

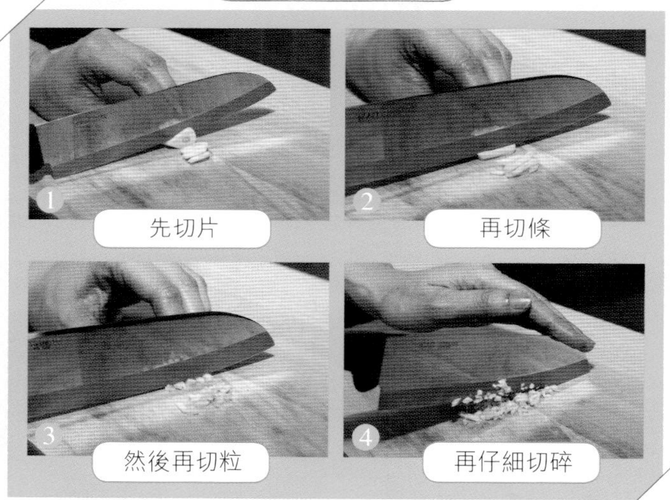

甘筍

椰菜（切絲）

1 先切走底部的蒂。

2 將一片片的椰菜疊好。

3 切成絲狀。

洋蔥（切絲）

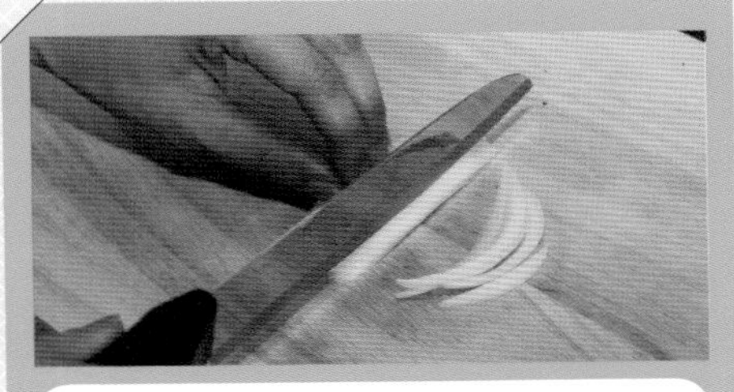

1 先將洋蔥十字形切開 4 份
2 將一片片洋蔥撕下
3 幼切成絲

西蘭花／椰菜花（切小棵）

沿著較幼的莖部下刀，切成小棵，最粗的莖部不要。

瓜類／馬鈴薯（滾刀切塊）

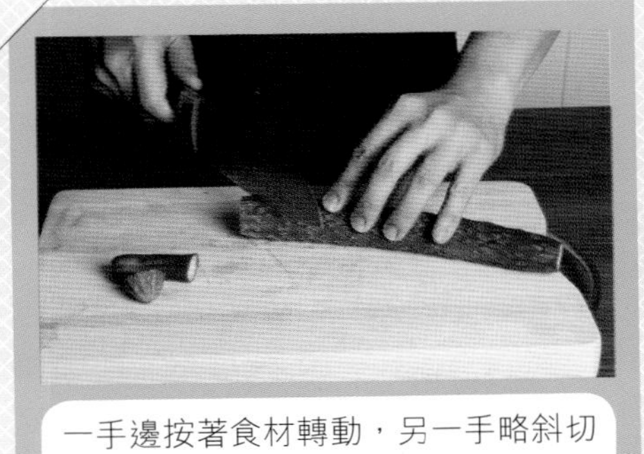

一手邊按著食材轉動，另一手略斜切塊。

雞扒

不論切塊還是要一口大小，用剪肉用剪刀較菜刀更俐落方便。此外最好剪走肥膏。

注意 切生與熟的食材要用不同砧板及刀，以免交叉感染細菌。

食材烹調法

煮出 軟硬度均勻的米飯

想吃到軟硬適中的米飯，要留意以下 4 點：

❶洗米後下水，水位最好掩蓋米粒上約 1cm。

❷因為現時市面大部分米並非新米，吸水能力較強，故洗米後無需浸泡即可煲煮。但如想吃較軟身的飯粒，可先將洗過的米粒浸 30～60 分鐘。當然，部分產地的米煮法略有不同，例如日本米多為新米，米粒受水較少，煮起上來會較硬身，所以想飯粒煮得較軟糯，可以略為浸泡才煲煮。要確定是否需浸泡及浸泡時間，可參閱包裝袋說明。

❸儘管電飯煲完成煲飯程序，由「Cook」轉至「Warm」，這只代表剛熟，最好不要即刻吃，儘量讓米飯多焗一會，會更香軟。

❹在保持「Warm」的同時，用飯勺輕輕攪鬆飯粒，然後多焗一會， 飯粒不會結塊之餘，口感亦煙韌軟糯。

個別 食材烹調法

煎雞翼

雞翼放入鑊中先將雞皮朝下，會較易熟。

灼雞蛋及鹹蛋

雞蛋應連同未煲的水同放進煲內煮，如待水煮沸後才放雞蛋，蛋殼瞬間受熱會容易爆開。

焓馬鈴薯

馬鈴薯較難煮腍，故需較長時間焓煮，可用筷子戳進去測試熟度。

灼菜方法

❶將適量水（可蓋過菜）注入鍋內。

❷開爐後加適量鹽及油，這樣可保持蔬菜翠綠嫩滑。

❸水煮沸後放入蔬菜，灼煮 1-2 分鐘（視乎菜種而定）即撈起瀝乾。

意粉分量 量度法

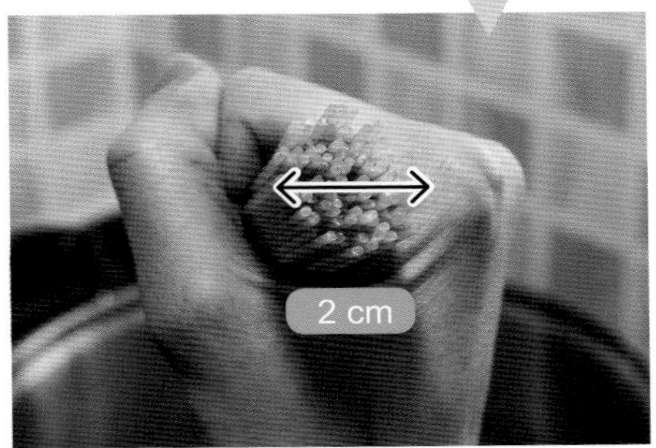

一人分量 以拇指及食指捆紮一圈，直徑約為 2 cm。

二人分量 以拇指及食指捆紮一圈，直徑約為 3.5 cm。

意粉煮法

❶意粉放進沸水中，下少量鹽，不時用筷子攪拌。 6 mins

❷撈起後放進冰水內浸泡或以水喉水沖洗，這樣可保持意粉煙韌度。

❸煮意粉的水不要全部倒掉，最少留下 2 湯匙，有時炒意粉需加入。

妙用 保鮮紙

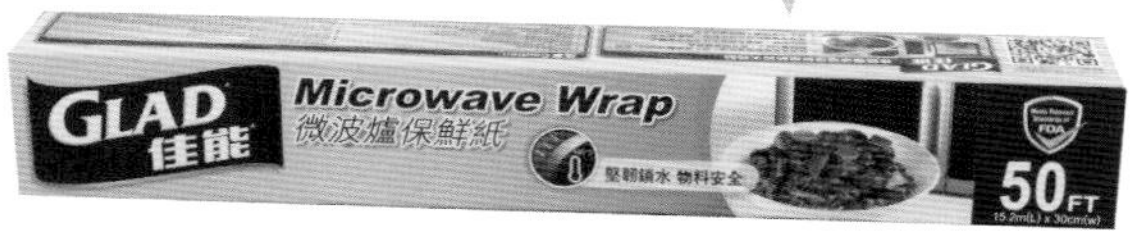

如食材需包保鮮紙放進微波爐加熱，應選用微波爐保鮮紙，就算受熱也不易融化，如只需放進雪櫃內保鮮，用一般保鮮紙便可。

有趣食具

下廚初心者有否遇過以下問題？
煮意大利粉應怎樣量度分量？
用手指圍成圈可粗略量度（參考 P.217），
但若想再準確一點，可以嘗試用這工具協助。

意粉量度器

1
先將貌似樽蓋的白色圈部分套進意粉的包裝袋裡。

2
再套上樽蓋扭緊。

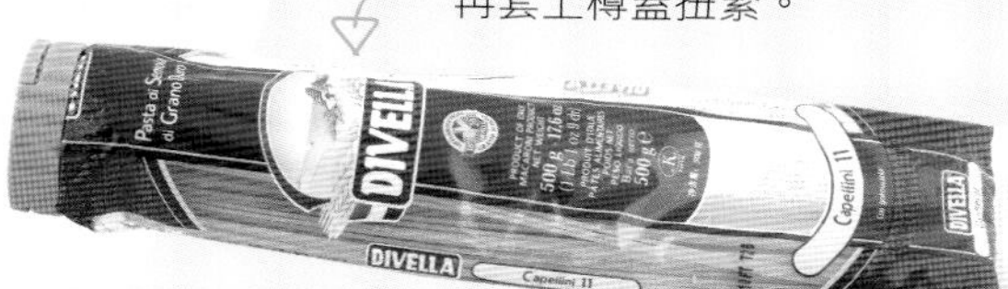

3
樽蓋有兩邊不同大小蓋掩，一邊為 1 人分量，另一邊為 1.5 人分量。

4

按所需人數倒出意粉。

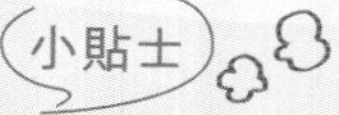

此量度器不僅可準確地量取意粉，也將已打開的意粉包裝袋封緊，保持潔淨衛生。

簡約食譜 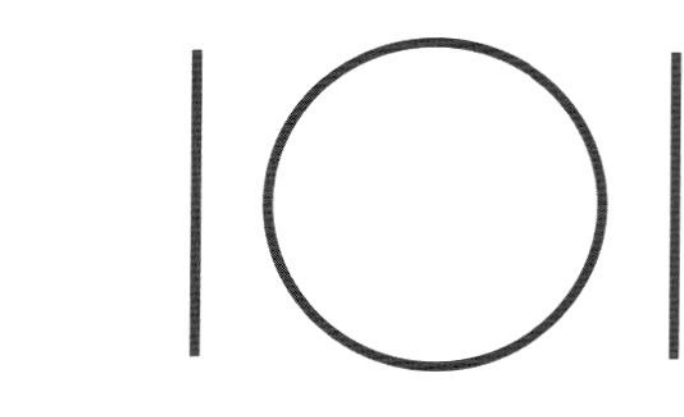

101 道中西日韓意泰菜

口味及分量適合 1 至 2 人年輕家庭

貫徹「簡・約」精神

編著 **蘇慧怡**

第3輯
簡約食譜
• 簡單易學・美味
• 節約時間・省錢
• 適合入廚初心者
③
每道菜平均二三十元
特邀 4 位人氣Blogger 示範 12 道簡約菜式
嘉賓作者 大蚊、黃師奶、Candace mama、Karen 編著 蘇慧怡
番茄湯飯

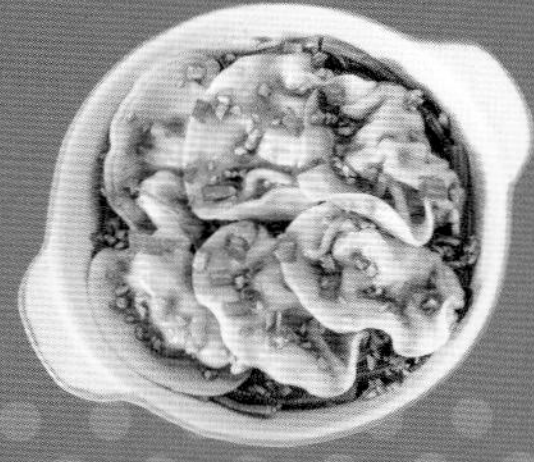

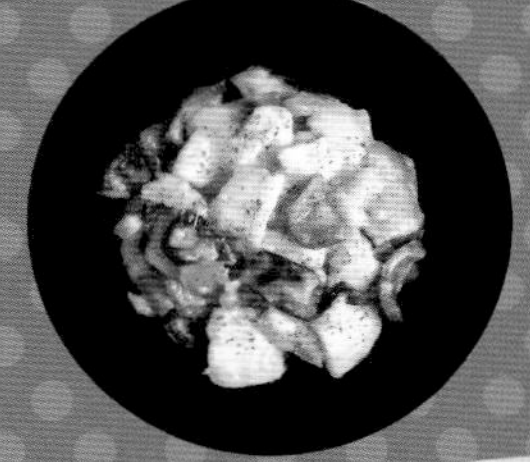

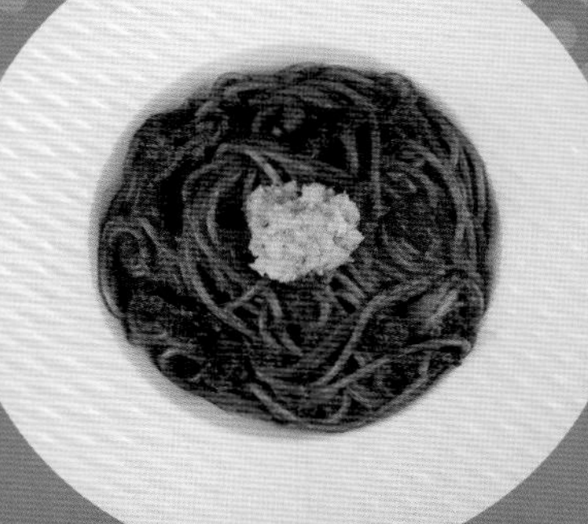

每道菜30分鐘內完成

平均只需二三十元

每本定價 $88

親子簡約食譜 101

大人＋小孩的 101 道簡約料理

健康．快捷 照顧小朋友及家長不同口味

編著 人氣 Blogger KC、OL

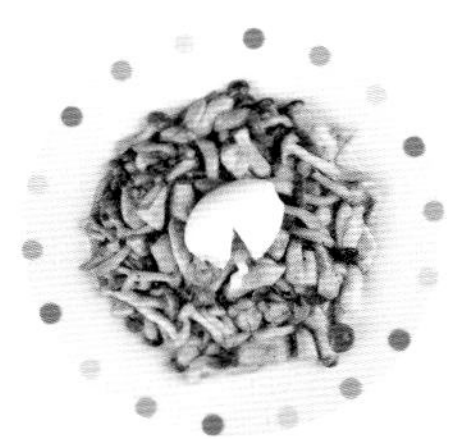
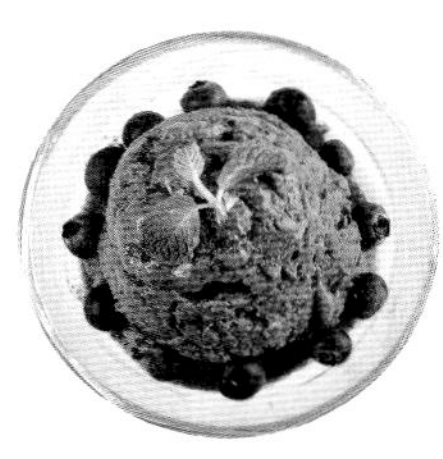

簡約食譜101 ④

編著：蘇慧怡
策劃：厲河
攝影：麥國龍
美術設計：葉承志

出版
正文社出版有限公司
香港柴灣祥利街 9 號祥利工業大廈 2 樓 A 室

承印
天虹印刷有限公司
香港九龍新蒲崗大有街 26-28 號 3-4 樓

發行
同德書報有限公司
九龍官塘大業街 34 號楊耀松（第五）工業大廈地下
電話：(852)3551 3388　傳真：(852)3551 3300

台灣地區經銷商
永盈出版行銷有限公司
新北市新店區中正路 505 號 2 樓
電話：(886)2-2218-0701　傳真：(886)2-2218-0704

第1次印刷發行　2016年3月

Printed in Hong Kong.　ISBN：978-988-8297-26-9
售價港幣 HK$88　新台幣 NT$400

讀者若發現本書缺頁或破損，請致電 (852)25158787 與本社聯絡。

編 者 簡 介

蘇慧怡

城大應用中文系畢業。

飲食指南《港九飲食全攻略》、《澳門飲食全攻略》、《台北飲食全攻略》編輯，

亦曾編採《首爾旅遊全攻略》、《台北旅遊全攻略》、《京阪神旅遊全攻略》。

愛吃習性不知何時養成，但凡關於吃的都感興趣，常四出覓食之餘亦愛下廚。

「懂吃先要懂得煮」，食評家前輩的這句話銘記於心。